― ちくま

# 幾何学

ルネ・デカルト
原 亨吉 訳

筑摩書房

LA GEOMETRIE, 1637
René Descartes

# 目　　次

第1巻　円と直線だけを用いて作図しうる問題について ……　7
第2巻　曲線の性質について ………………………………………　28
第3巻　立体的またはそれ以上の問題の作図について ……　83
訳　注 ………………………………………………………………………… 133
「幾何学」詳細目次 ……………………………………………………… 167
解　　説 …………………………………………………………………… 171
文庫版解説（佐々木力）……………………………………………… 190

# 幾 何 学

注　意

　これまで私はすべての人にわかりやすい表現をするように努めてきた．しかし本論文は，幾何学の書物に記されていることをすでに知っている人々にしか読まれないのではないかと思う．というのも，これらの書物はみごとに証明された多くの真理を含んでいるので，それを繰り返し述べることはよけいであると私は考えたが，しかも，それらを使うことはやめなかったからである．

# 第 1 巻

# 円と直線だけを用いて作図しうる問題について

　幾何学のすべての問題は，いくつかの直線の長ささえ知れば作図しうるような諸項へと，容易に分解することができる．

　　[算術の計算は幾何学の操作にどのように関係するか]

　そして，全算術がただ4種か5種の演算，すなわち，加法，減法，乗法，除法，そして一種の除法と見なしうる巾根の抽出によって作られているのと同様に，幾何学においても，求める線が知られるようにするためには，それに他の線を加えるか，それから他の線を除くか，あるいは或る線があり——これを数にいっそうよく関係づけるために私は単位と呼ぶが，普通は任意にとることのできるものである——さらに他のふたつの線があるとき，この2線の一方に対して，他方が単位に対する比をもつ第4の線を見いだすか——これは乗法と同じである——または，2線の一方に対して単位が他方に対する比を持つ第4の線を見いだすか——これは除法と同じである——あるいは最後に，単位と或る線との間に，1個，2個，またはそれ以上の比例中項を見いだすか——これは平方根，立方根などを出すのと同じである——すればよい．私は意のあるところをよりわか

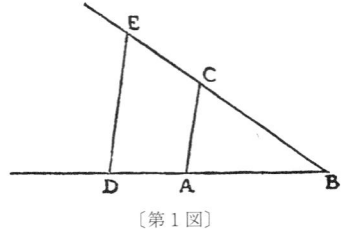

〔第1図〕

りやすくするため,このような算術の用語をあえて幾何学に導入しようとするのである.

[乗　法]

たとえば,AB〔第1図〕を単位とし,BD に BC を掛けねばならぬとすれば,点 A と C を結び,CA に平行に DE をひけばよい.BE はこの乗法の積である.

[除　法]

また,BE を BD で割らねばならぬとすれば,点 E と D を結んだうえで,DE に平行に AC をひく.BC はこの除法の結果[1]である.

[平方根の抽出]

また,GH〔第2図〕の平方根を出さねばならぬとすれば,それと一直線上に単位である FG を加え,FH を点 K で二等分して,K を中心とする円 FIH を描き,点 G から FH と直角に直線を I まで立てる.GI は求める根である.立方根その他についてはあとで述べる方が都合がよいから[2],いまは何も言わないでおく.

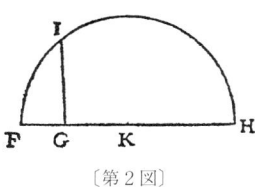

〔第2図〕

[幾何学においてどのように記号を用いうるか]

　しかし多くの場合，こうして紙に線をひく必要はない．各々の線をひとつずつの文字で示せば足りるのである．たとえば，線 BD を GH に加える場合は，一方を $a$，他方を $b$ と名づけて，$a+b$ と書く．$a$ から $b$ をひく場合は $a-b$ と書く．また，これらを掛け合わせる場合は $ab$ と書く．$a$ を $b$ で割る場合は $\frac{a}{b}$ と書く．$a$ にそれ自身を掛ける場合は $aa$ または $a^2$ と書き，これにもう一度 $a$ を掛ける場合は $a^3$ と書き，以下どこまででも進む．$a^2+b^2$ の平方根を出す場合は $\sqrt{a^2+b^2}$ と書く．$a^3-b^3+abb$ の立方根を出す場合は $\sqrt{C.\,a^3-b^3+abb}$ と書き[3]，他の場合も同様である．

　ここで注意してほしいが，$a^2$，$b^3$，そのほか類似の書き方をするとき，私も代数学で用いられている語を使って，これを平方，立方などと呼びはするが，普通は単なる線しか考えていないのである．

　同じく注意してほしいことであるが，問題中に単位が定められていないときは，同じ線のすべての部分は，普通はどれも同じ次元によって表現されるべきで，たとえば上の $a^3$ は，私が $\sqrt{C.\,a^3-b^3+abb}$ と名づけた線を構成する $abb$

や $b^3$ と同じ次元を含んでいる．しかし，単位が定められたときはそうではない．次元が多すぎたり少なすぎたりする場合はいつも，言外に単位を考えればよいからである．たとえば，$aabb-b$ の立方根を出すという場合には，量 $aabb$ は1度単位で割られており，他の量 $b$ には2度単位が掛かっていると考えねばならない[4]．

そのうえ，これらの線の名を忘れないように，それをきめたり変えたりするたびに，いつもそれを別に書き出しておかねばならない．たとえば，次のように書く．

　　　AB∞1，すなわち AB は1に等しい．
　　　GH∞$a$，
　　　BD∞$b$，など[5]．

[**問題を解くに役立つ等式にどのようにして到達すべきか**]

そこで，何らかの問題を解こうとする場合，まず，それがすでに解かれたものと見なし，未知の線もそれ以外の線も含めて，問題を作図するに必要と思われるすべての線に名を与えるべきである．次に，これら既知の線と未知の線の間に何の区別も設けずに，それらがどのように相互に依存しているかを最も自然に示すような順序に従って難点を調べあげて，或る同一の量をふたつの仕方であらわす手段を見いだすようにすべきである．この最後のものは等式[6]と呼ばれる．なぜならば，これらふたつの仕方の一方の諸項は他方の諸項に等しいからである．そして，仮定した未知の線と同じ数だけ，このような等式を見いだすべきであ

る．それだけの等式が見つからず，しかも，問題中に望まれるものを何ひとつ省略していないのであれば，それは問題が完全には限定されていない証拠である．この場合は，どのような等式も対応しないすべての未知の線として，任意に既知の線をとることができる．それでもなおいくつか未知の線が残るとすれば，これらの未知の線の各々を説明するために，同じく残った等式を別々に考察したり，互いに比較したりしながら，各等式を順序正しく使い，それらを整理して，ただひとつの線だけが残るようにせねばならない．この線は他の既知の線に等しいか，または，その平方，立方，平方の平方，超立体[7]，立方の平方などが，2個またはそれ以上の他の量——そのうち 1 個は既知であり，他は単位とこの平方，立方，平方の平方などの間の或る比例中項に他の既知量を掛けたもので作られている——の加法か減法によって生ずるものに等しいのである．このことを私は次のように書く．

$$z \infty b,$$
または $\quad z^2 \infty -az + bb,$
または $\quad z^3 \infty +az^2 + bbz - c^3,$
または $\quad z^4 \infty az^3 - c^3 z + d^4,$ など[8]．

すなわち，私が未知量とみなす $z$ は $b$ に等しい，または $z$ の平方が $b$ の平方マイナス $a$ 掛 $z$ に等しい，または $z$ の立方が $a$ 掛 $z$ の平方プラス $b$ の平方掛 $z$ マイナス $c$ の立方に等しい，などである．

問題が円と直線により，あるいはまた円錐曲線により，あるいはさらに，これらより１段階か２段階だけ複雑な線によって作図されうるときは常に，すべての未知量をこのようにしてただひとつに還元することができる[9]．しかし，このことをより詳しく説明するのはさしひかえる．それではみずからこれを学ぶ喜びを読者から奪い，訓練によって精神を磨くという有益な行為を不可能にするであろう．これこそ，私見によれば，人がこの学問から引き出しうる主要な効用であるのに．それに私は，この還元に困難があるとしても，普通の幾何学と代数学にいくらか通じた人が，この論文に記されているすべてのことに注意を払うならば，この困難を解決しえないはずはないと考えるのである．

　したがって，ここでは読者に次のふたつのことを告げるにとどめておこう．まず，これらの方程式を整理しながら可能なかぎりの除法を施すことを怠らないならば，必ず問題を可能なかぎり最も簡単な諸項に還元しうるはずである．

[平面的な問題とは何か]

　次に，問題が通常の幾何学によって解ける場合，つまり平面上に描かれた直線と円だけを用いて解ける場合は，最後の方程式が完全に整理されたとき，たかだか１個の未知の平方が，方程式の根に或る既知量を掛けたものと，やはり既知の他の或る量との加法か減法によって生ずるものに等しい，ということになるであろう．

[それはどうして解けるか]

こうなれば，この根，つまり未知の線は容易に見いだされる．なぜならば，たとえば，

$$z^2 \infty az + bb$$

が得られたとすれば，直角三角形 NLM〔第3図〕を作って，辺 LM を既知量 $bb$ の平方根 $b$ に等しく，他の辺 LN を $\frac{1}{2}a$，つまり未知の線と仮定する $z$ が掛かっていた他の量の半分にする．次に，この三角形の底辺 MN を O まで延長して，NO が NL に等しくなるようにすれば，全体 OM が求める線 $z$ である．そしてこの線は次のようにあらわされる．

$$z \infty \frac{1}{2}a + \sqrt{\frac{1}{4}aa + bb}.\text{\textsuperscript{10)}}$$

もし

$$yy \infty -ay + bb$$

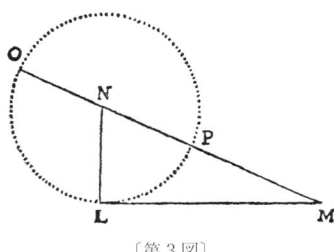

〔第3図〕

が得られたとし，$y$ が見いだされるべき量であるとすれば，同じ直角三角形 NLM を作り，底 MN から NL に等しい NP を除けば，残り PM が求める根 $y$ である．ここでは

$$y \infty -\frac{1}{2}a + \sqrt{\frac{1}{4}aa + bb}$$

が得られる．

同様に，もし

$$x^4 \infty -ax^2 + b^2$$

が得られたのであれば，PM は $x^2$ であり，

$$x \infty \sqrt{-\frac{1}{2}a + \sqrt{\frac{1}{4}aa + bb}}$$

となるであろう．他の場合も同様である．

最後に，

$$z^2 \infty az - bb$$

が得られたのであれば，前と同様に NL〔第 4 図〕を $\frac{1}{2}a$ に等しく，LM を $b$ に等しくしたうえ，点 M, N を結ぶかわりに，LN に平行に MQR をひき，N を中心として L を通る円を描いて，MQR を点 Q, R において切る．求める線 $z$ は MQ または MR である．なぜならば，この場合には $z$ はふたつの仕方，すなわち

$$z \infty \frac{1}{2}a + \sqrt{\frac{1}{4}aa - bb},$$

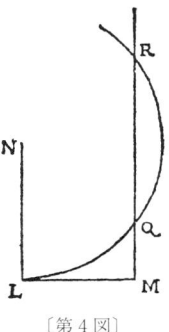

〔第4図〕

$$および z \infty \frac{1}{2}a - \sqrt{\frac{1}{4}aa - bb}$$

によってあらわされるからである.

　点Nを中心とし点Lを通る円が直線MQRを切ることも,これに接することもないならば,方程式にはまったく根がなく,提出された問題の作図は不可能と断定することができる[11].

　そのうえ,これらの根は他の無数の方法によっても見いだされうるのであって,私が上の方法だけを至って簡単なものとして述べたのは,通常の幾何学の問題はすべて,私が説明した4個の図に含まれているわずかなものしか使わないで作図しうることを示すためなのである.しかし,古代の人々がこのことに気づいていたとは思えない.というのも,もし気づいていたならば,彼らはわざわざこの種の

問題についてあれほど多数の大きな本を書きはしなかったろうから．これらの書物では，命題の順序を見ただけで，そのすべてを解くための真の方法を彼らが持っておらず，たまたま出会ったものをとりまとめたにすぎないことが知られるのである．

[パップスから取った例]

このことは，パップスが彼の〔『数学集録』の〕第7巻のはじめに述べたことからもきわめて明らかに見てとれる．パップスはそこで，幾何学に関して先人が記したすべてのことを列挙するのに暫時を費やしたのち，最後に，ユークリッドもアポロニウスも，そのほか誰も完全には解くことのできなかった或る問題について語っている．彼の言葉は次のとおりである[12]．

[すべての人がより容易に理解しうるよう，ギリシア語原典よりもラテン語訳から引用する]

しかし，（アポロニウスは）第3巻において言っている．この3線および4線の軌跡問題はユークリッドによって完全には解かれなかったものであるが，彼自身もそのほか誰もこれを解くことができなかったし，ユークリッドの時代までに円錐曲線について前もって示されていたことのみによっては，ユークリッドが書いたことに何ひとつ加えることもできなかった．

そして少し先で，彼はこの問題がどのようなものであるかを説明している．

彼（アポロニウス）は３線および４線の軌跡問題に寄与したことを大いに誇り，彼より先にこれを論じた人に何らの感謝をも示していないが，この問題は次のようなものである．３本の直線が位置に関して与えられたとき[13]，１点からこれらの３線に与えられた角をもって直線がひかれ，そのうちの２線に囲まれた矩形が残る線による正方形に対して与えられた比をもつならば，この点は位置に関して与えられた立体軌跡[14]，すなわち３種の円錐曲線のひとつに属する．位置に関して与えられた４本の直線に与えられた角をもって線がひかれ，そのうちの２線に囲まれた矩形が残る２線に囲まれた矩形に対して与えられた比をもつならば，同じくその点は位置に関して与えられた円錐曲線に属するであろう．線が単に２本ならば平面軌跡となることはすでに示されている[15]．直線が４本以上あるならば，点はまだ知られていない軌跡で単に線と呼ばれているものに属するであろう[16]．それがどのようなものであるかも，どのような性質をもつかも明らかでない．しかし人々はそのうちのひとつ，〔円錐曲線に次いで〕最初のものではないが，最も明らかと思えるものが実際に有益であることを示して，その総合をおこなった[17]．これらの線についての命題は次のとおりである．

　或る点から位置に関して与えられた５本の線に与えられた角をもって直線がひかれ，そのうちの３線に囲まれる直方体が，残る２線と与えられた何らかの線とに囲ま

れる直方体に対して与えられた比をもつならば，この点は位置に関して与えられた線〔の軌跡〕に属するであろう．また線が6本の場合，3線に囲まれる立体が残る3線に囲まれる立体に対して与えられた比をもつならば，点はやはり位置に関して与えられた線〔の軌跡〕に属するであろう．線が7本以上ある場合は，4本の線に囲まれる何らかのものが，残る線に囲まれるものに対して与えられた比をもつかどうかは，まだ言うことができない．何ものかが3個以上の次元に囲まれることはないからである．

ついでながら読者に注意してもらいたいのであるが，古代人が幾何学で算術の用語を用いるのを避けたのは，彼らが両者の関係を十分明瞭に見てとらなかったからにほかならず，これが彼らの表現法に多くの晦渋さと複雑さをひきおこした．現にパップスは次のように続けているのである．

　しかし，われわれより少し前にこれらの事柄を解釈した人々は，このような言葉に満足している．さりとて，彼らはこれらの線に囲まれた何か理解しうるものを提示しているわけではない．しかし，合成された比を用いれば，上述の諸命題について一般的に述べたり証明したりし，最後の命題については次のように述べることができるであろう．或る点から位置に関して与えられた諸直線

に与えられた角をもって直線がひかれ，線が7本のときは，そのひとつが他のひとつに対する比と，他のものが他のものに対する比と，さらに他のものが他のものに対する比と，残るものが与えられた線に対する比，線が8本の場合は，残るものが残るものに対する比をとり，これらによって合成された比が与えられた比になるとき，その点は位置に関して与えられた線〔の軌跡〕に属するであろう．奇数または偶数個の大きさがいくつあっても同様である．しかしこれらは，すでに言ったように，4線の軌跡に対応しないから，人々は線〔の軌跡〕を知るための手掛かりを何ら提供しなかったのである，云々．

ユークリッドが解き始め，アポロニウスが追求したが，誰も結着をつけることができなかった問題は，だから次のようなものであった．3本，4本，またはそれ以上の直線が位置に関して与えられたとする．まず1点から与えられた線の各々に1本ずつ，それらと与えられた角をなす同数の線をひき，線が3本しかない場合は，この点からひいた線のうち2本に囲まれた矩形が第3の線による正方形と与えられた比をもつようにする．4線の場合は，残る2線による矩形との比をとる．5線の場合は，3線によって作られた平行六面体が残る2線と他の与えられた線とによって作られた平行六面体と与えられた比をもつようにする．6線の場合は，3線によって作られた平行六面体が他の3線による平行六面体にたいして与えられた比をもつようにす

る．7線の場合は，4線を掛け合わせて作られるものが他の3線と別の与えられた線との乗法によって作られたものにたいして与えられた比をもつようにする．8線の場合は，4線の相乗積が他の4線の相乗積にたいして与えられた比をもつようにする．こうして，この問題は何本の線にでも拡張されうる．それに，常に無限個の異なる点が問題の条件を満足しうるから，それらの点がすべて見いだされるべき線を知り，それを描くことが要求される．与えられた線が3本ないし4本しかないとき，これは3種の円錐曲線のひとつであるとパップスは言うが，彼はその線を決定しようとも描こうともしておらず，また問題がより多数の線に関して提出されたとき，これらすべての点が見いだされるべき線を説明しようともしていない．ただ，古代人はそのひとつを考え，それがこの目的に役立つことを示したが，それは最も明らかと思えるものであり，それでいて最初のものではなかった，とつけ加えているだけである．実はこのことが機縁となって，私は自分の方法によって彼らと同じところまで進むことができるかどうかためしてみようと思い立ったのである[18]．

[パップスの問題にたいする答]

まず私は，この問題が単に3本，4本，あるいは5本の線に関して提出されている場合には，求める点を常に単純な幾何学によって見いだしうることを知った．すなわち，定木とコンパスだけを使い，すでに述べたことだけを実行すればよいのである．ただし，5本の線が与えられて，それ

らがすべて互いに平行な場合は除く．この場合は，問題が6本，7本，8本，または9本の線に関して提出されている場合と同様，求める点を常に立体の幾何学によって見いだすことができる．すなわち，3種の円錐曲線のどれかを用いるのである．ただし，9本の線が与えられて，それらがすべて平行な場合は除く．この場合と，さらに10本，11本，12本，または13本の線の場合は，求める点を円錐曲線より1段階だけ複雑な曲線を用いて見いだすことができる．ただし，13線がすべて平行な場合は除く．この場合と，14，15，16，17線の場合は，上述の線よりさらに1段階だけ複雑な曲線を用いなければならないであろうし，こうして限りなく続くのである[19]．

　ついで私は次のことを見いだした．3本ないし4本の線しか与えられていない場合には，求める点はすべて，3種の円錐曲線のいずれかの上に見つかるばかりでなく，時には円周や一直線の上にもある．5本，6本，7本，8本の線がある場合は，これらすべての点は，円錐曲線より1段階だけ複雑な線のいずれかの上にあり，この種の線でこの問題に役立たないものは想像しえない．しかし，求める点はやはり或る円錐曲線か円か一直線の上に見つかることもある．9本，10本，11本，12本の線がある場合は，これらの点は前述のものよりただ1段階だけ複雑な線の上に見つかる．しかし，1段階だけ複雑な線はすべてこれに役立ちうるのであり，以下同様にしてどこまでも進む[20]．

　それに，円錐曲線の後に来るすべての曲線のなかで最初

の，最も単純な曲線は，放物線と直線を用いていずれ説明する仕方で描きうるものにほかならない[21]．そこで，私はこの問題について古代人が探求したとパップスがわれわれに告げているものを完全に解いたと考える．以下，その証明を簡単に述べることにしよう．もういやというほど書いているからである．

　AB，AD，EF，GH〔第5図〕などを位置に関して与えられた線とし，Cのような1点から与えられた線に，角CBG[22]，CDA，CFE，CHGなどが与えられたものとなるように，CB，CD，CF，CHのような直線をひいて，これらの線の1部分の相乗によって生ずるものが，他の線の相乗によって生ずるものに等しい，あるいはこれにたいして与え

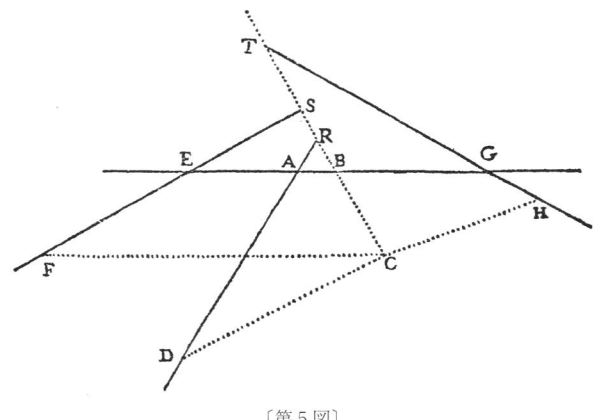

〔第5図〕

られた他の何らかの比をもつようにするとき、この点を見いださねばならないとしよう。あとの場合に問題がより困難になるわけではないのである．

[この例において方程式に達するためには，どのように項を立てるべきか]

まず私は，問題がすでに解決されたと仮定し，これらすべての線の紛糾を避けるために，与えられた線のひとつと，見いださねばならぬ線のひとつ，たとえば AB と CB を主要な線とみなし，他のすべての線をこれらに関係づけるようにする．線 AB の点 A, B の間にある部分を $x$ と名づけ，BC を $y$ と名づけよう．他の与えられた線がどれもこの2線と平行でないならば，これを切るまで延長する（2線も必要なだけ延長して）．図においては，これらの線は線 AB を点 A, E, G において切り，BC を点 R, S, T において切る．すると，三角形 ARB のすべての角は与えられているから，辺 AB, BR の間の比もまた与えられている．これを $z$ 対 $b$ とおく．すると，AB は $x$ であるから，RB は $\frac{bx}{z}$ となり，点 B は C と R の間に来ているから，全体 CR は $y + \frac{bx}{z}$ となるであろう．R が C と B の間に来れば，CR は $y - \frac{bx}{z}$ となるであろうし，C が B と R の間に来れば，CR は $-y + \frac{bx}{z}$ となるであろう．同様に，三角形 DRC の三つの角は与えられており，したがって辺 CR と CD の間の比も与えられている．これを $z$ 対 $c$ とおけば，CR は $y + \frac{bx}{z}$ であるから，CD は $\frac{cy}{z} + \frac{bcx}{zz}$ となるであろう．次

に，線 AB, AD, EF は位置に関して与えられているから，点 A, E の間の距離も与えられており，これを $k$ と名づけることにすれば，EB は $k+x$ に等しいであろう．しかし点 B が E と A の間に来れば $k-x$ となるであろうし，E が A と B の間に来れば，$-k+x$ となるであろう．ところが，三角形 ESB の角はすべて与えられているから，BE 対 BS の比もまた与えられており，これを $z$ 対 $d$ とおけば，BS は $\dfrac{dk+dx}{z}$ となり，全体 CS は $\dfrac{zy+dk+dx}{z}$ となる．しかし，点 S が B と C の間に来れば，$\dfrac{zy-dk-dx}{z}$ となるであろうし，C が B と S の間に来れば，$\dfrac{-zy+dk+dx}{z}$ となるであろう．そのうえ，三角形 FSC の三つの角は与えられており，したがって，CS 対 CF の比も与えられていて，これを $z$ 対 $e$ とすれば，全体 CF は $\dfrac{ezy+dek+dex}{zz}$ となるであろう．同様に，AG も与えられていて，これを $l$ と名づければ，BG は $l-x$ であり，三角形 BGT の性質から，BG 対 BT の比も与えられている．これを $z$ 対 $f$ とすれば，BT は $\dfrac{fl-fx}{z}$ であり，CT $\infty \dfrac{zy+fl-fx}{z}$ となるであろう．次にまた，三角形 TCH の性質から，TC 対 CH の比は与えられており，これを $z$ 対 $g$ とおけば，CH $\infty \dfrac{+gzy+fgl-fgx}{zz}$ を得るであろう．

このようにして，位置に関して与えられた線が何本あっても，点 C から問題の内容に応じてそれらに与えられた角をもってひいたすべての線は，常に 3 個の項で表わしうることがわかる．その 1 項は未知量 $y$ に他の或る既知量を掛

けるか、それで割ったものから作られており、第2の項は未知量 $x$ にやはり或る他の既知量を掛けるか、これで割ったもので作られており、第3の項は完全に知られたひとつの量だけで作られている。ただし、これらの線が線 AB に平行な場合は、量 $x$ で作られた項はゼロとなるであろうし、線 CB に平行な場合は、量 $y$ で作られた項がゼロとなるであろう。これはことさら説明するまでもなく明らかなことである。また、これらの項につけられる＋や－の符号について言えば、それらは想像されるあらゆる仕方で変わりうるわけである。

　次に、これらの線をいくつか掛け合わせる場合、積のうちに見いだされる量 $x$ と $y$ は、どちらも、それらの量によって説明されつつ掛け合わされた線と同数の次元しかもちえないことも明らかであろう。つまり、2線の相乗によってのみ作られる場合には3次元以上をもたないであろうし、3線の相乗によってのみ作られる場合には4次元以上をもたないであろう。その他どこまでも同様である。

　[6本以上の線が提出されていないとき、この問題が平面的であることをどうして見いだすか]

　そのうえ、点 C を決定するには、ただひとつの条件、すなわち、一定数の線の相乗によって作られるものが他の線の相乗によって作られるものに等しいか、これにたいして与えられた比をもつ（この場合の方が扱いにくいわけではない）ことだけが要求されているのであるから、これらの未知量 $x$ または $y$ の一方を任意にとり、他方をこの方程式

によって求めればよいわけであり，問題中の線が5本を越えないときは，方程式中の量 $x$ は，第1の線の表現には用いられないのであるから，常に2次元しかもちえないことは明らかである．そこで，$y$ として或る既知量をとれば，

$$xx \infty + \text{ または } -ax+ \text{ または } -bb$$

しか残らず，量 $x$ は定木とコンパスを用いて前述の方法で見いだされるであろう．のみならず，線 $y$ として次々と無数の異なる大きさをとって線 $x$ にも無数の大きさを見いだし，こうして C と記されたような点を無数に得，これによって求める曲線を描くことができるであろう．

　問題が6本あるいはそれ以上の線に関して提出されていても，与えられた線のうちに BA または BC に平行なものがあるならば，ふたつの量 $x, y$ の一方が方程式中で2次元しかもたないようにして，点 C を定木とコンパスで見いだすことができる．しかし逆に，それらの線がすべて平行であれば，問題が5線に関してしか提出されていなくても，点 C は上のようにしては見いだされないであろう．というのも，量 $x$ は方程式中に見いだされないため，$y$ と名づけられた量として既知量をとることはもはや許されず，この $y$ をこそ求めねばならないであろうから．そして量 $y$ は3次元をもつであろうから，或る立方方程式の根を出すことによってしか見いだされないであろうが，これは一般に少なくともひとつの円錐曲線を用いずにはなしえないことである[23]．他方，与えられた線が9本に達するときも，こ

れらがすべて平行でないかぎり，方程式が平方の平方までしかのぼらないようにすることが常にでき，これによって，のちに説明する仕方で，この方程式をも常に円錐曲線によって解くことができる[24]．13線までの場合は，方程式が立方の平方までしかのぼらないようにすることができ，これは円錐曲線よりただ1段階だけ複雑な或る線を用いて，やはりのちに説明する仕方で解くことができる[25]．以上がここで証明すべきであったことの最初の部分である．

しかし，第2の部分に進むためには，曲線の性質について若干一般的なことを述べておく必要がある．

# 第 2 巻

# 曲線の性質について

[幾何学に受けいれうる曲線はどのようなものか]

　幾何学の問題のうち，或るものは平面的，或るものは立体的，或るものは曲線的[1]であることに古代人は十分気づいていた．すなわち，或るものは直線と円を描くだけで作図しうるが，或るものは少なくとも或る円錐曲線を用いなければ作図しえず，最後に他のものはより複雑な他の曲線を用いなければ作図しえない，という意味である．しかし，彼らがさらに進んで，より複雑なこれらの線の間に種々の段階を区別しなかったことに私は驚かざるをえないし，彼らがこれらの線をどうして幾何学的と呼ばずに機械的[2]と呼んだか，理解に苦しむ．なぜならば，これらを描くには何らかの機械を使うことが必要だからと言うのであれば，同じ理由で，円と直線も〔幾何学から〕退けねばなるまい．これらを紙の上に描くにはコンパスと定木を使わねばならず，これも機械にちがいないからである．また，これらの複雑な線を描くに用いられる器具は定木やコンパスより複雑なため，あまり正しくはありえない，という理由からでもない．なぜならば，このような理由からは，人の手になる作品の正しさが要求される機械学からこれを退

けるべきであって，推論の正しさだけが求められる幾何学から退けるのは当たるまい．幾何学はたしかに他の線に関してと同様これらの線に関しても完全な知識を与えうるのである．古代人が要請の数を増すことを好まず，与えられた2点を直線で結び，また与えられた点を中心とし与えられた点を通る円を描きうるということに同意を得るだけで足れりとしたためであるとも言えない．現に彼らは，これらのこと以外に，円錐曲線を論ずるため，与えられたあらゆる円錐を与えられた平面によって切りうると仮定することを辞さなかったのである．それに，私がここに導入しようとしているあらゆる曲線を描くためには，2本またはそれ以上の線が互いに他によって動かされ，それらの交点が他の線を作り出す，ということを仮定するだけでよいのであって，この仮定が古代人のものよりむずかしいとは私には思えない．いかにも，古代人は円錐曲線を完全には彼らの幾何学に受けいれなかったし，私としても慣用によって確立された用語を変えるつもりはない．しかし，広くおこなわれているように，幾何学とは的確で精密なもの，機械的とはそうでないものと解し，また，幾何学はすべての物体の測り方を知る方法を一般的な仕方で教える学問であると見るならば，最も複雑な線もひとつの連続的な運動，または互いに連係していて最後の運動は先だつ諸運動によって完全に規制されるような多数の運動によって描かれると想像しうるかぎり，それらの線を最も単純な線以上に退けねばならぬ理由のないことは，きわめて明らかであると私

には思われる．なぜならば，この方法によって，常にそれらの線の測り方について精密な知識をもちうるからである．しかし，古代の幾何学者たちが円錐曲線より複雑な線を受けいれなかったのは，おそらく，次の事情によるのであろう．彼らが考えたこの種の最初の線はたまたま螺線，円積線，そのほか類似のものであったが，これらは精密に測りうるいかなる関係ももたない別々のふたつの運動によって描かれると想像されるものであるから，まさしく機械的な線に属し，私がここに受けいれるべきであると考えている線の範囲に入らない[3]．その後彼らはコンコイドやシッソイド[4]，そのほか受けいれられるべき種類の若干の線を研究はしたが，おそらくそれらの性質を十分に見てとるに至らなかったところから，最初に考えたもの以上にそれらを重要視することもなかったのである．あるいは，円錐曲線についてまだわずかなことしか知らないことを彼らは自覚し，また定木とコンパスで作りうるものについてさえ未知のことが多いのを自覚して，より困難な主題には手をつけるべきでないと考えたのかもしれない．しかし，私が提案する幾何学的計算[5]を使いこなすほどの人ならば，今後，平面ないし立体問題に暇をかけることはあるまいと思うから，これらの人々には，訓練の材料にけっしてこと欠かぬ他の研究をすすめるのが至当であると考えるのである．

　図のAB, AD, AF〔第6図〕，そのほか類似の線が，器具YZ[6]を使って描かれたと仮定する．この器具は互いに結

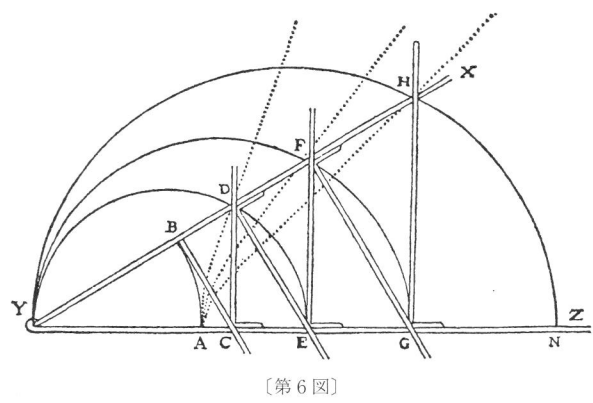

〔第6図〕

びついた多くの定木で作られていて，YZ と記されたもの
は線 AN 上に固定されており，角 XYZ は開いたり閉じた
りすることができる．これをすっかり閉じたときは，点
B, C, D, E[7], F, G, H はすべて点 A のところに集まるが，
角を開くにつれて，点 B で XY に直角に結びついている定
木 BC は定木 CD を Z の方に押し，CD は YZ と常に直角
をなしながらそのうえを滑り，DE を押す．DE は BC と平
行を保ちながら XY 上を滑って，EF を押す．EF は FG を
押し，FG は GH を押す．以下，同様の仕方で或るものは
XY と常に同じ角をなし，他のものは YZ と同じ角をなし
ながら，次々を押しあってゆく無数の定木を考えることが
できるわけである．さて，このようにして角 XYZ を開く
間に，点 B は線 AB を描くが，これは円である．他の定木

が交差する他の点 D, F, H は他の曲線 AD, AF, AH を描く．あとに来る線ほど最初の線に比べて複雑であり，最初の線自体も円より複雑である．しかし，この最初の線の描き方を，円の場合，少なくとも円錐曲線の場合と同様に明晰判明に考えるのをさまたげるものは何もないはずである．また第2，第3，そのほか描きうるかぎりの線を第1の線と同様に考え，したがって，それらすべてを同様に受け入れて，幾何学の研究に使うのをさまたげるものもないはずである[*]．

[すべての曲線をいくつかの類に分け，そのすべての点が直線の点にたいしてもつ関係を知る方法]

次々と複雑さを増して限りなく進む曲線を描きまた考える手段は，ほかにもいくつか示すことができる．しかし，自然のなかにあるすべての曲線を包括し，それらを順序正しくいくつかの類に分けるためには，次のように述べるのが最もよいと私は考えるのである．幾何学的と名づけうる線，すなわち，何らかの的確で精密な計測を受けうる線のすべての点は，必ず，ひとつの直線のすべての点にたいして或る関係をもち，この関係は線のすべての点に関して同一の方程式によって表わされうる．そして，この方程式が2個の未定量による矩形あるいは同一の未定量による正方形までしかのぼらないとき，曲線は第1の最も単純な類に属し，そこに含まれるものは円と放物線と双曲線と楕円しかない．しかし，方程式が2個の未定量——というのは，ここでは1点と他の点との関係を説明するのに2個の未定

量が必要だからであるが——の双方または一方の第3ないし第4次元までのぼるときは，曲線は第2類に属する．方程式が第5ないし第6次元までのぼるときは，線は第3類に属し，以下同様にどこまでも進む．

　たとえば，定木 GL〔第7図〕と直線に囲まれた平面 CNKL——その辺 KN は C の方に際限なく伸びている——との交わりによって，線 EC が描かれたと想像し，その線は第何類に属するかを知りたいとしよう．ここに CNKL は下にある平面のうえを直線的に，というのは，その直径 KL がどちらにも伸びた線 BA の何らかの場所に常に重なっているように動かされ，定木 GL を点 G のまわりに回転させるとする．定木は常に点 L を通るように CNKL に結びつけられているためである．私は AB のような直線を

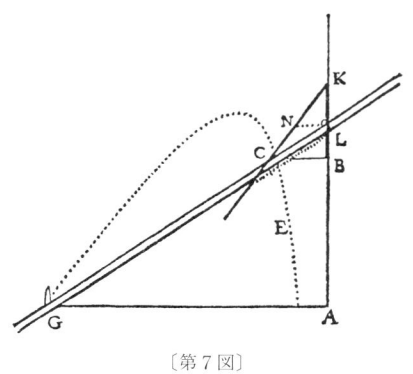

〔第7図〕

選び，曲線 EC のすべての点をその様々な点に関係づける．この線 AB 上に A のような 1 点を選び，そこから計算を始める．これら双方を選ぶと私が言うのは，もともとこれらは好きなようにとってよいものだからである．というのも，方程式をより短く，より扱いやすいものにするためには大いに選択の余地があるけれども，どのようなとり方をしても，線を常に同じ類のものとしてあらわしうるからであり，その証明は容易である．さて，曲線上に C のような 1 点を任意にとり，曲線を描くに用いる器具がそこにあてはめられたと仮定して，この点 C から GA に平行に線 CB をひく．CB と BA は未定で未知の量であるから，その一方を $y$，他方を $x$ と名づける．しかし，両者の間の関係を見いだすため，この曲線の形を定める既知の量をも考慮し，GA を $a$，KL を $b$，GA に平行な NL を $c$ と名づける．そして，NL 対 LK，すなわち $c$ 対 $b$ は，CB すなわち $y$ 対 BK であるから，BK は $\frac{b}{c}y$ であると主張する．BL は $\frac{b}{c}y - b$ であり，AL は $x + \frac{b}{c}y - b$ である．そのうえ，CB 対 LB，すなわち $y$ 対 $\frac{b}{c}y - b$ は，$a$ すなわち GA 対 LA すなわち $x + \frac{b}{c}y - b$ であるから，第 2 項に第 3 項を掛けて $\frac{ab}{c}y - ab$ を作れば，これは第 1 項と最終項を掛けて作った $xy + \frac{b}{c}yy - by$ に等しい．そこで求める方程式は

$$yy \infty cy - \frac{c}{b}xy + ay - ac$$

であり，ここから線 EC は第 1 類に属することを知る．実際これは双曲線にほかならない．

　この曲線を描くのに使う器具で，平面 CNKL を限るものが直線 CNK でなく，この双曲線，あるいは第 1 類の他の何らかの曲線であるようにすれば，この線と定木 GL との交わりは，双曲線 EC のかわりに，第 2 類に属する他の曲線を描くであろう．たとえば，CNK が L を中心とする円であれば，古代人の第 1 コンコイドが描かれるであろうし[8]，KB を直径とする放物線であれば，私がさきほどパップスの問題に関して最初の最も単純な線と言ったもの，つまり位置に関して与えられた直線が 5 本しかない場合の〔或る〕線が描かれるのである[9]．しかし，平面 CNKL を限るものが第 1 類のこれらの線でなくて，第 2 類の曲線のひとつであるならば，それによって第 3 類の線のひとつが描かれるであろうし，第 3 類の線のひとつが使われるならば第 4 類の線のひとつが描かれ，以下同様にどこまでも進むであろう[10]．これは計算によってきわめて容易に知りうることである．そして，他のどのような仕方で曲線の描き方を想像するにせよ，私が幾何学的と名づける線に属するものであるかぎり，常に上述の方法でそのすべての点を定めるための方程式を見いだしうるであろう．

　のみならず，私はこの方程式を平方の平方まで高める曲線と，それを立方までしか高めない曲線とを同じ類に入れ，また，方程式が立方の平方まで高まる曲線と，方程式が超立体までしか高まらない曲線とを同じ類に入れ，以下

同様にする．その理由はこうである．平方の平方に達する場合のすべての困難を立方の場合に還元し，立方の平方に達する場合のすべての困難を超立体の場合に還元する一般的規則があるので，前の場合をより複雑なものと考えるべきではないのである[11]．

しかし，各類の線の間では，大部分のものは同程度に複雑であって，同じ点を定め同じ問題を作図するのに用いうるけれども，やはりいくつかのものはより単純で，力の及ぶ範囲が劣ることにも注意を要する．たとえば，第1類の線のなかには，同程度に複雑な楕円，双曲線，放物線のほかに，円も含まれているが，これは明らかにより単純である．第2類の線のなかには，円から派生する通常のコンコイドがあるし[12]，ほかにも同じ類の大部分の線より力の及ぶ範囲が劣るが，さりとて第1類に入れることはできない線がいくつかあるのである．

［前巻で述べたパップスの問題の説明の続き］

ところで，すべての曲線をこうして或る類に分けたうえは，私がさきほどパップスの問題にたいしてなした答の証明を続けることは容易である．なぜならば，まず，3線ないし4線しか与えられていないときは，求める点を定めるのに役立つ方程式は平方までしかのぼらないことはすでに示したとおりであるから，これらの点が見いだされる曲線は必然的に第1類の曲線のどれかであることは言うまでもない．この方程式は第1類の線のすべての点が或る直線の点にたいしてもつ関係を説明しているからである．次に，

与えられた直線が8本を越えないときは、この方程式はたかだか平方の平方までしかのぼらず、したがって求める線は第2類か、それ以下のものでしかありえない。与えられた線が12本を越えないときは、方程式は立方の平方までしかのぼらず、したがって求める線は第3類か、それ以下のものでしかない。他の場合も同様である。のみならず、与えられた直線の位置はどのようにでも変わりうるのであり、したがって、方程式中の既知量をも＋と－の記号をも想像しうるあらゆる仕方で変えるのであるから、問題が4本の直線に関して提出されているとき、その解決に役立たぬような第1類の曲線はなく、8線に関して提出されているとき、これに役立たぬ第2類の曲線はなく、12線のときは第3類の曲線はなく、以下同様であることは明らかである。つまり、計算の対象となり幾何学に受けいれられうる曲線で、何本かの線の場合に役立たぬものはひとつもないのである。

　　［この問題が単に3線ないし4線に関して提出された場合の解］

　しかしここでは特に、与えられた直線が3本ないし4本しかないとき、それぞれの場合に求める線を見いだすための方法を決定し、これを示さねばならない。この方法によって、第1類の曲線は3種の円錐曲線と円以外には何も含まないこともわかるであろう。

　さきに与えられた4本の線 AB, AD, EF, GH〔第8図〕をもう一度とりあげよう。Cから与えられた角をもってこれらに4本の線 CB, CD, CF, CH をひき、CB 掛 CF が CD

〔第8図〕

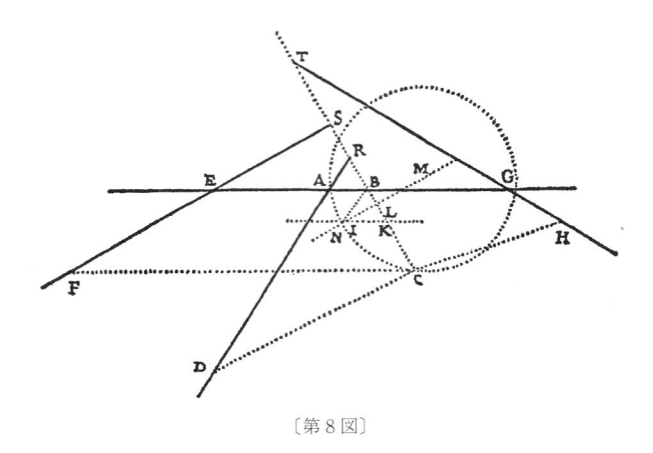

掛CHに等しい計[13)]を作るとして，このような点Cが無数に見つかる他の線を見いださねばならないわけである．そこで，

$$CB \infty y, \quad CD \infty \frac{czy+bcx}{zz},$$

$$CF \infty \frac{ezy+dek+dex}{zz}, \quad CH \infty \frac{gzy+fgl-fgx}{zz} \text{ [14)]}$$

とおけば，方程式は

$$yy \infty \frac{\left.\begin{matrix}-dekzz\\+cfglz\end{matrix}\right\}y-\left.\begin{matrix}-dezzx\\-cfgzx\\+bcgzx\end{matrix}\right\}y+\left.\begin{matrix}+bcfglx\\-bcfgxx\end{matrix}\right.}{ezzz-cgzz},$$

少なくとも $ez$ が $cg$ より大と仮定すれば，このようになる．なぜならば，もしより小であれば，すべての符号 ＋ と － を変えねばならないであろうから．点 C が角 DAG 内にあると仮定した場合，この方程式中で量 $y$ がゼロかゼロより小[15]であるとわかれば，点 C は角 DAE か EAR か RAG の内部にあると仮定し，そのために必要なように ＋ と － の符号を変えねばならないであろう．これら 4 個の位置のどれをとっても $y$ の値がゼロであると知られるならば，問題は提出された場合に関しては解きえないであろう[16]．しかし，ここでは解きうるものと仮定し，その項を簡単にするために，量 $\dfrac{cfglz - dekzz}{ez^3 - cgzz}$ のかわりに $2m$ と書き，$\dfrac{dezz + cfgz - bcgz}{ez^3 - cgzz}$ のかわりに $\dfrac{2n}{z}$ と書こう．すると，

$$yy \infty 2my - \frac{2n}{z}xy + \frac{bcfglx - bcfgxx}{ez^3 - cgzz}$$

が得られ，その根は

$$y \infty m - \frac{nx}{z} + \sqrt{mm - \frac{2mnx}{z} + \frac{nnxx}{zz} + \frac{bcfglx - bcfgxx}{ez^3 - cgzz}}$$

となる．ふたたび簡単にするため，

$-\dfrac{2mn}{z} + \dfrac{bcfgl}{ez^3 - cgzz}$ のかわりに $o$ と書き，

$\dfrac{nn}{zz} - \dfrac{bcfg}{ez^3 - cgzz}$ のかわりに $-\dfrac{p}{m}$[17] と書こう．

これらの量はすべて与えられたものであるから，好きなように名をつけてよいわけである．そこで，

$$y \infty m - \frac{n}{z}x + \sqrt{mm + ox - \frac{p}{m}xx}$$

が得られ，これが AB すなわち $x$ を未定にしておいた場合の線 BC の長さとなるべきものである．問題は単に 3 線ないし 4 線に関して提出されているのであるから，常にこのような項が得られることは言うまでもない．ただし，いくつかの項はゼロでありうるし，＋ と － の符号は様々に変えられうる．

そこで，KI を BA に等しく，かつ平行にとり，BC から $m$ に等しい部分 BK を切り取る．$+m$ となっているからである．$-m$ となっていれば，この線 IK は反対側にひいて BC に加えるところである．もし量 $m$ がゼロであれば，IK をひく必要はない．次に IL をひき，線 IK 対 KL が $z$ 対 $n$ になるようにする．つまり，IK は $x$ であるから，KL は $\frac{n}{z}x$ となる．同じ方法によって，KL と IL の間の比も知られる．これを $n$ 対 $a$ とおけば，KL は $\frac{n}{z}x$ であるから，IL は $\frac{a}{z}x$ である．ここでは $-\frac{n}{z}x$ となっているから，点 K が L と C の間にあるようにする．もし $+\frac{n}{z}x$ となっていれば，L を K と C の間に置くところである．もし $\frac{n}{z}x$ がゼロであれば，この線 IL はまったくひかないことになる．

このようにすると，線 LC として

$$LC \infty \sqrt{mm + ox - \frac{p}{m}xx}$$

という項しか残らない．もしこれがゼロであれば，この点

Cは直線IL上に見いだされることになる．また，その根が〔ただちに〕出るようであれば，すなわち，$mm$ と $\frac{p}{m}xx$ が同じ符号 +〔または −〕[18]を帯びていて，$oo$ が $4pm$ に等しいか，項 $mm$ と $ox$，または $ox$ と $\frac{p}{m}xx$ がゼロであれば，この点Cは他の直線上にあるが，それを見いだすのはILを見いだす以上に困難ではないであろう．しかし，そうでないときは，この点Cは常に3種の円錐曲線のひとつか，円のうえにある．その直径のひとつは線IL上にあり，線LCはこの直径に規則正しく立てられた線のひとつである[19]．あるいは逆に，LCは直径に平行であり，IL上にある線はこれに規則正しく立てられることになる[20]．すなわち，もし項 $\frac{p}{m}xx$ がゼロであれば，この円錐曲線は放物線であり，もし符号 + を帯びていれば双曲線であり，符号 − を帯びていれば楕円である．ただし，量 $aam$ が $pzz$ に等しく，角ILCが直角である場合は，楕円のかわりに円が得られる．この円錐曲線が放物線であれば，その通径[21]は $\frac{oz}{a}$ に等しく，その直径は常に線IL上にある．その頂点となる点Nを見いだすためには，IN を $\frac{amm}{oz}$ に等しくし，項が $+mm+ox$ のときは点IがLとNの間にあるようにし，項が $+mm-ox$ のときは点LがIとNの間にあるようにせねばならない．$-mm+ox$ のときは，NがIとLの間にあるようにせねばならないであろう．しかし，諸項がここに置かれているとおりの条件のもとでは，$-mm$ はありえない．最後に，量 $mm$ がゼロであれば，点Nは点Iと一致するであろう．これだけのことが知られれば，アポロ

ニウス第 1 巻の問題 1 によってこの放物線を見いだすことは容易である[22]。

求める線が円か楕円か双曲線であるときは，まず，その中心である点 M を求めねばならないが，この点は常に直線 IL 上にあり，IM を $\frac{aom}{2pz}$ にとってこれを見いだすことができ，量 $o$ がゼロであれば，この中心はちょうど点 I に来る．求める線が円か楕円であるときは，$+ox$ ならば，点 M を点 I に関して点 L と同じ側にとるべきであり，$-ox$ ならば，反対側にとるべきである．しかし逆に双曲線の場合は，$-ox$ ならば，この中心 M は L の方にあるべきであり，$+ox$ ならば，反対側にあるべきである．このようにすると，図の通径は，$+mm$ とあるとき，$\sqrt{\frac{oozz}{aa}+\frac{4mpzz}{aa}}$ でなければならず，求める線は円か楕円である．$-mm$ とあるときは，双曲線である．求める線が円か楕円で，$-mm$ とあるときは，通径は $\sqrt{\frac{oozz}{aa}-\frac{4mpzz}{aa}}$ でなければならない．双曲線で，量 $oo$ が $4mp$ より大であり，$+mm$ とあるときも，同様である．量 $mm$ がゼロであれば，通径は $\frac{oz}{a}$ であり，$ox$ がゼロであれば，$\sqrt{\frac{4mpzz}{aa}}$ である．つぎに，横径[23]について言えば，この通径に対して $aam$ 対 $pzz$ の比にある線を見いださねばならない．すなわち，通径が $\sqrt{\frac{oozz}{aa}+\frac{4mpzz}{aa}}$ であれば，横径は $\sqrt{\frac{aaoomm}{ppzz}+\frac{4aam^3}{pzz}}$ である．いずれの場合も，円錐曲線の直径は線 IM 上にあり，LC はそれに規則正しく立てられた線のひとつである．

そこで，MN を横径の半分に等しくして，それを点 M に関して点 L と同じ側にとれば，点 N はこの直径の頂点となる．これから先，アポロニウス第 1 巻の問題 2, 3 によって円錐曲線を見いだすことは容易である[24]．

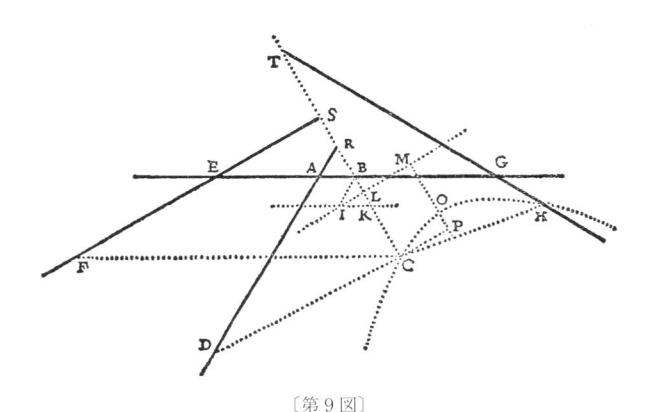

しかし，この円錐曲線が双曲線であって，$+mm$ となっており，量 $oo$ がゼロであるか $4pm$ より小であるときは，中心 M から LC に平行に線 MOP をひき〔第 9 図〕，また LM に平行に CP をひいて，MO を $\sqrt{mm - \dfrac{oom}{4p}}$ に等しくしなければならない[25]．量 $ox$ がゼロの場合は，この MO を $m$ に等しくしなければならない．次に，点 O をこの双曲線の頂点と見なさなければならない．その直径〔の部分〕は OP であり，CP はそれに規則正しく立てられた線で

〔第 9 図〕

044

あり，通径は $\sqrt{\dfrac{4a^4m^4}{ppz^4}-\dfrac{a^4oom^3}{p^3z^4}}$，横径は $\sqrt{4mm-\dfrac{oom}{p}}$ である．ただし，$ox$ がゼロの場合は除く．この場合は，通径は $\dfrac{2aamm}{pzz}$ であり，横径は $2m$ である．そこで，アポロニウス第 1 巻の問題 3[26)] によってこの曲線を見いだすことは容易である．

[上に説明したすべてのことの証明]

これらすべてのことの証明は明らかである．なぜならば，私が通径，横径，および直径の部分 NL または OP として定めた量を，アポロニウス第 1 巻の定理 11, 12, 13[27)] の内容に従って構成して面を作れば，直径に規則正しく立てられた線 CP または CL の平方によって作られたのと同じ諸項がすべて見いだされるからである．この例〔第 8 図〕では，$\dfrac{aom}{2pz}$ である IM を $\dfrac{am}{2pz}\sqrt{oo+4mp}$ である NM から除いて，IN を得る．これに $\dfrac{a}{z}x$ である IL を加えて，NL を得る．これは $\dfrac{a}{z}x-\dfrac{aom}{2pz}+\dfrac{am}{2pz}\sqrt{oo+4mp}$ である．これに，図の通径である $\dfrac{z}{a}\sqrt{oo+4mp}$ を掛ければ，

$$x\sqrt{oo+4mp}-\dfrac{om}{2p}\sqrt{oo+4mp}+\dfrac{moo}{2p}+2mm$$

という矩形ができる．これから NL の平方にたいして通径対横径の比にある面を除かねばならないが，NL の平方は

$$\dfrac{aa}{zz}xx-\dfrac{aaom}{pzz}x+\dfrac{aam}{pzz}x\sqrt{oo+4mp}+\dfrac{aaoomm}{2ppzz}$$

$$+\frac{aam^3}{pzz} - \frac{aaomm}{2ppzz}\sqrt{oo+4mp}$$

であり，これを $aam$ で割り，$pzz$ を掛けねばならない．これらの項は横径と通径の間にある比を証明するものだからである．すると

$$\frac{p}{m}xx - ox + x\sqrt{oo+4mp} + \frac{oom}{2p} - \frac{om}{2p}\sqrt{oo+4mp} + mm$$

となり，これを前述の矩形から除かねばならない．こうして CL の平方として $mm + ox - \frac{p}{m}xx$ が見いだされる．これが，したがって，楕円または円において直径の部分 NL に規則正しく立てられたひとつの線である．

　与えられたすべての量を数によって説明しようとするならば，たとえば，

$$\text{EA} \infty 3, \quad \text{AG} \infty 5, \quad \text{AB} \infty \text{BR}, \quad \text{BS} \infty \frac{1}{2}\text{BE},$$

$$\text{GB} \infty \text{BT}, \quad \text{CD} \infty \frac{3}{2}\text{CR}, \quad \text{CF} \infty 2\text{CS}, \quad \text{CH} \infty \frac{2}{3}\text{CT}$$

とし，角 ABR が 60 度であるとしよう．最後に，2 線 CB，CF による矩形が他の 2 線 CD, CH による矩形に等しいとしよう．問題が完全に決定されるためには，これらすべての条件が必要だからである．これに加えて，$\text{AB} \infty x$，$\text{CB} \infty y$ と仮定すれば，上に説明した方法で，

$$yy \infty 2y - xy + 5x - xx, \quad y \infty 1 - \frac{1}{2}x + \sqrt{1 + 4x - \frac{3}{4}xx}^{(*)}$$

が見いだされる．そこで BK は 1，KL は KI の半分でなけ

ればならず，角 IKL または ABR は 60 度であり，KIB または IKL の半分である KIL は 30 度であるから，ILK は直角である．そして，IK または AB は $x$ と名づけられているから，KL は $\frac{1}{2}x$, IL は $x\sqrt{\frac{3}{4}}$ であり，さきに $z$ と名づけられていた量は 1, $a$ であった量は $\sqrt{\frac{3}{4}}$, $m$ であった量は 1, $o$ であった量は 4, $p$ であった量は $\frac{3}{4}$ である．そこで，IM として $\sqrt{\frac{16}{3}}$, NM として $\sqrt{\frac{19}{3}}$ を得る[28]．そして，$\frac{3}{4}$ である $aam$ はここでは $pzz$ に等しく，角 ILC は直角であるから，曲線 NC は円であることが知られる[29]．他のすべての場合も同様にして容易に調べることができる．

[平面軌跡，立体軌跡とは何か．また，それらを見いだす方法]

そのうえ，平方までしかのぼらない方程式はすべて私がいま説明したもののなかに含まれているから，3 線ないし 4 線に関する古代人の問題ばかりでなく，彼らのいわゆる立体軌跡の総合[30]に属するすべてのことも完全に解決されたのであり，したがってまた，平面軌跡は立体軌跡に含まれるとの理由で，平面軌跡の総合も解決されたのである．なぜならば，これらの軌跡は，目下の例に見られるように，完全に決定されるには条件がひとつ足りないような点を見いだすことが問題になったとき，同じ線のすべての点が求める点と見られうる，ということを意味するにほかならないからである．この線が直線か円であれば，平面軌跡と呼ばれる．しかし，放物線か双曲線か楕円であれば，

立体軌跡と呼ばれる．けれども，いずれにしても人は，2個の未知量を含み，私がいま解いたもののどれかに似た方程式に達することができる．こうして求められた点を決定する線が円錐曲線より1段階だけ複雑なものであれば，上の呼び方にならって，これを超立体軌跡[31]と呼び，以下同様にすることができる．この点の決定にふたつの条件が欠けていれば，それが見いだされる軌跡はひとつの面であり，これは上と同様に平面であるか，球面であるか，より複雑な面でありうる．しかし，古代人がこの方面で最高の目的としたのは立体軌跡の総合だったのであり，また，アポロニウスが円錐曲線について記したすべてのことは，この総合を志すためのものにほかならなかったように思われるのである．

そのうえ，私の言う第1類の曲線が円と放物線と双曲線と楕円以外のものを含みえないことはいまや明らかであり，私が証明しようと企てたこともこれに尽きるのである．

[古代人の問題が5線に関して提出されたとき，それに役立つすべての曲線のうち，最初の最も単純なものは何か]

古代人の問題がすべて平行な5線に関して提出された場合，求める点が常に1直線上にあることは明らかである．しかし，4線が平行で，第5の線がこれらを直角に切り，求める点からひいたすべての線もこれらと直角に交わり，かつ，平行な線のうちの3本にひいた線によって作られた平行六面体が，平行な線のうち第4の線にひいた線と，それ

らと直角に交わる線にひいた線と，与えられた第3の線とによって作られた平行六面体に等しい場合は——これは前述の場合に続き想像しうる最も単純な場合と思われるが——求める線は，上に説明した方法で放物線の運動によって描かれる曲線上にあるであろう。

たとえば，AB, IH, ED, GF, GA〔第10図〕を与えられ

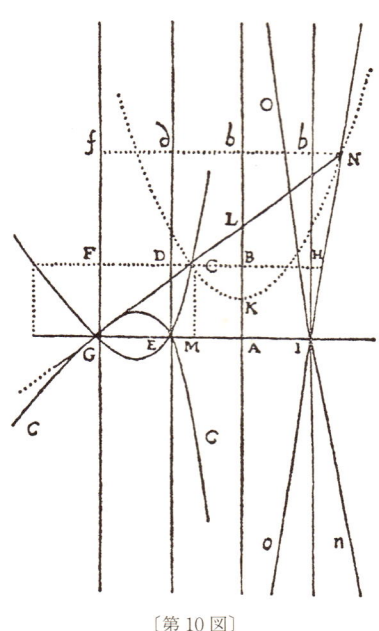

〔第10図〕

た[32]線とし，これらに直角に CB, CF, CD, CH, CM をひくとき，3 線 CF, CD, CH による平行六面体が，他の 2 線 CB, CM と，第 3 の線 AI とによる平行六面体に等しくなるような点 C を求めるとする．

$$CB \infty y, \quad CM \infty x, \quad AI \text{ または } AE \text{ または } GE \infty a$$

とおけば，点 C が線 AB, DE の間にあるとき，

$$CF \infty 2a-y, \quad CD \infty a-y, \quad CH \infty y+a$$

となり，これらの 3 項を互いに掛け合わせて，$y^3 - 2ayy - aay + 2a^3$ を得る．これが他の 3 項の積，すなわち $axy$ に等しいわけである．さて私は，直径 KL が常に直線 AB 上にあるように動かした放物線 CKN と，その間にこの放物線の平面上で常に点 L を通るように点 G のまわりを回転する定木 GL との交わりによって，曲線 CEG が描かれると想像する．そして $KL \infty a$ とする．この放物線の主通径，すなわち，その主軸に関係する通径もまた，$a$ に等しいとする[33]．$GA \infty 2a$, CB または $MA \infty y$, CM または $AB \infty x$ である．すると，三角形 GMC と CBL は相似であるから，GM すなわち $2a-y$ 対 MC すなわち $x$ は，CB すなわち $y$ 対 BL に等しく，したがって BL は $\dfrac{xy}{2a-y}$ である．そして，LK は $a$ であるから，BK は $a - \dfrac{xy}{2a-y}$ あるいは $\dfrac{2aa - ay - xy}{2a-y}$ である．最後に，同じ BK は放物線の直径の部分であって，それに規則正しく立てた BC にたいし

て、後者〔BC〕が通径すなわち $a$ にたいする比にあるから、計算によって、

$$y^3-2ayy-aay+2a^3 \text{ は } axy \text{ に等しい.}$$

したがって、点 C が求められていた点である. そして、この点は線 CEG のどの場所にでもとることができるし、放物線の頂点が反対側に向いていることを除けば、同じ方法によって描かれる随伴線[34] $cEGc$ 上にとることもできる. さらに、線 GL が放物線 KN の反対側に作る交わりによって描かれる向き合った線[35] N$Io$, $nIO$ の上にとることもできる.

ところで、与えられた平行線 AB, IH, ED, GF が等距離になく、また、GA はそれらを直角に切るのでなく、点 C からそれらにひいた線もそれらを直角に切るのでないとしても、この点 C はやはり常に上述のものと同じ性質をもった或る曲線上に見いだされるであろう. また、与えられた線のどれもが平行でなくても、点 C がこの線上に見いだされることがある. しかし、4 線が上のように平行で、第 5 の線がこれらを横切るとして、求める点からこの第 5 の線と、平行な線のうちの 2 本にひいた線とによって作った平行六面体が、平行な他の 2 本にひいた線と与えられた別の線とで作った平行六面体に等しい場合には、求める点は他の性質をもった曲線上にある. すなわち、この曲線の縦線はすべて或る円錐曲線のそれに等しいが、横線は或る与えられた線にたいして、この与えられた線が円錐曲線の横線

にたいしてもつのと同じ比をもつのである[36]．この曲線が前述のものほど単純でないとは断定できまい．しかし，私が上述の線を〔円錐曲線に次いで〕最初のものとするべきであると考えたのは，その描き方や計算が，或る意味で，より容易だからである．

　他の場合に役立つ線については，それを種に区分することはしないでおこう．すべてのことを言おうと企てたわけではないからである．これらの線が通る無数の点を見いだす方法を説明した以上，それらを描く方法は十分に述べたものと考える．

　　[多くの点を見いだしつつ描く曲線で，幾何学に受けいれうるのはどのようなものか]

　ひとつの曲線を描くために多くの点を見いだすこの方法と，螺線やこれに類するものの場合に使う方法との間には大きな相違があることにも注意すべきである．なぜならば，後者によっては，求める線のすべての点が差別なく見いだされるのではなく，ただ，それを構成するのに必要とされる測り方より単純な何らかの測り方によって決定しうる点だけが見いだされるのだからである．だから，正しく言えば，ただひとつの点も見いだされていない．その曲線によってしか見いだしえないほどその曲線に固有な点はひとつも見いだされていないのである．これに反し，上に提出された問題に役立つ線のうちには，さきほど説明した方法で決定される点の間に見つからないような点はまったくない．そして，曲線上の多くの点を差別なく見いだすこと

によって曲線を見いだすこの方法は，規則正しい連続的運動によっても描きうる曲線にしか及ばないものであるから，この方法を幾何学からまったく退けるのは当を得ないのである．

　　［紐を使って描く線であっても，幾何学に受けいれうるのはどのようなものか］

　また，われわれが『屈折光学』において楕円や双曲線を説明するためにしたように，求める曲線の各点から他の一定の点に，または一定の線に一定の角でひきうる 2 本またはそれ以上の直線の和や差の相等性[37]を決定するために，糸や折り曲げた紐を使う方法も，幾何学から退けるべきではない．いかにも，紐に似た線，すなわち，まっすぐに伸びたり曲がったりする線はすべて幾何学中に受けいれるべきではない．なぜなら，直線と曲線との間の比は知られていないばかりでなく，私の信ずるところでは，人間には知りえないものであって，そこから精密で確実なものは何ひとつ結論しえないであろうから[38]．けれども，いま述べたような作図において紐を使うのは，完全に長さが知られている諸直線を決定するためにすぎないのであるから，これらの作図を幾何学から退ける理由にはならないのである．

　　［曲線のすべての性質を見いだすためには，そのすべての点が直線の点にたいしてもつ関係を知り，また，その曲線上のすべての点でこれを直角に切る他の線をひく方法を知れば十分であるということ］

　ところで，ひとつの曲線のすべての点が或る直線のすべ

ての点にたいしてもつ関係を前述の仕方で知っておけば，その曲線の点が他のすべての点や与えられた線にたいしてもつ関係を見いだすこともやさしい．続いて，直径や軸や中心，そのほか各曲線が他のものにたいしてもつ以上に特別な関係または単純な関係をもっている線や点を知り，それらを描くさまざまの方法を想像し，そのうち最も容易なものを選ぶこともやさしい．さらに，以上のことさえ知られれば，それらの線が囲む面の大きさに関して決定されうるほとんどすべてのことをも知りうるのであり，これはことさら説明するまでもないことである[39]．最後に，曲線に帰属させうる他のすべての性質は，その曲線が何か他の線となす角の大きさにしか依存しない．しかし，この角を測ろうとする場合，それらの線の交点で直角にそれらを切る直線，あるいは，同じことになると私は見るのであるが，それらの線の接線[40]を直角に切る直線をひきうるならば，これらの角の大きさを見いだすことは，ふたつの直線の間に含まれた角の場合より困難なわけではない．それゆえ，曲線上に任意に選んだ点で〔これに〕直角にあたる直線をひく方法を一般的に示したならば，曲線に関する基礎知識として要求されるすべてのことを述べたことになるであろう．これこそ，あえて言うが，単に私が幾何学に関して知っているというだけでなく，かつて知りたいと思った最も有益で最も一般的な問題なのである[41]．

[与えられた曲線，またはその接線を直角に切る直線を見いだす一般的方法]

曲線 CE〔第 11 図[*]〕があり,点 C を通って,これと直角をなす直線をひかねばならないとせよ.問題がすでに解かれたと仮定し,求める線を CP とする.これを延長して点 P で線 GA と交わらせ,線 CE のすべての点を GA の点に関係づけることにする.そこで,MA または CB∞$y$, CM または BA∞$x$ とし,$x$ と $y$ の間の関係を説明する何らかの方程式を得る.次に,PC∞$s$, PA∞$v$, つまり PM∞$v-y$ とすれば,PMC は直角三角形であるから,底辺の平方 $ss$ は 2 辺の平方である $xx+vv-2vy+yy$ に等しくなる.すなわち,

$$x \infty \sqrt{ss-vv+2vy-yy}, \quad \text{あるいは} \quad y \infty v+\sqrt{ss-xx}$$

であり,この方程式を用いて,曲線 CE のすべての点が直線 GA の点にたいしてもつ関係を説明している他の方程式から,ふたつの未定量 $x, y$ の一方を除く.これは容易であって,もし $x$ を除こうとするのであれば,至るところで $x$ のかわりに $\sqrt{ss-vv+2vy-yy}$ をおき,$xx$ のかわりにこの量の平方をおき,$x^3$ のかわりにその立方をおき,以下同様にすればよく,もし $y$ を除こうとするのであれば,その

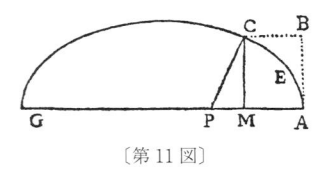

〔第 11 図〕

かわりに $v+\sqrt{ss-xx}$ をおき，$yy$，$y^3$ などのかわりにこの量の平方，立方などをおけばよい．このようにすれば，残る方程式にはもはや1個の未定量，$x$ または $y$ しかないわけである．

たとえば，CE が楕円で，MA がその直径の部分であり，CM がそれに規則正しく立てられており，$r$ がその通径，$q$ が横径であるならば，アポロニウス第1巻の定理13[42] によって，

$$xx \infty ry - \frac{r}{q}yy$$

を得，そこから $xx$ を除けば，

$$ss - vv + 2vy - yy \infty ry - \frac{r}{q}yy,$$

あるいは $yy + \dfrac{qry - 2qvy + qvv - qss}{q - r}$ がゼロに等しい．

実際，いまの場合は，計の一部を他の部分に等しいとおくより，計全体をこのように一括して考える方がまさっているのである．

同様に，CE〔第12図〕が前述の方法で放物線の運動によって描かれた曲線であれば，GA を $b$，KL を $c$，放物線の直径 KL の通径を $d$ とおいたとして，$x$ と $y$ の間の関係を説明する方程式は

$$y^3 - byy - cdy + bcd + dxy \infty 0 \text{[43]}$$

であり，ここから $x$ を除いて，

〔第12図〕

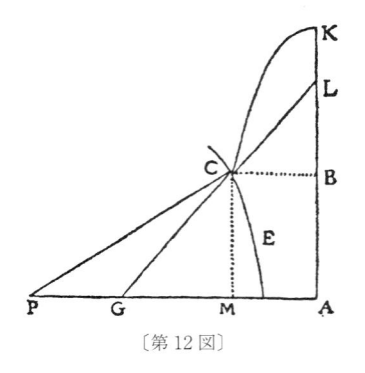

$$y^3 - byy - cdy + bcd + dy\sqrt{ss - vv + 2vy - yy} \; [\infty 0]$$

を得，乗法を用いて項を整理すれば，

$$y^6 - 2by^5 + \left\{\begin{array}{c} -2cd \\ +bb \\ +dd \end{array}\right\} y^4 + \left\{\begin{array}{c} +4bcd \\ -2ddv \end{array}\right\} y^3 + \left\{\begin{array}{c} -2bbcd \\ +ccdd \\ -ddss \\ +ddvv \end{array}\right\} yy - 2bccddy + bbccdd \infty 0$$

となる．他の場合も同様である．

のみならず，曲線の点が上述の仕方とは異なるどのような仕方で直線の点に関係すると想像しても，このような方程式が常に得られることに変わりはない．たとえば，CE〔第13図〕は3点F, G, Aにたいして次のような関係をもつ線であるとする．点Cのような曲線の各点から点Fまでひいた直線が線FAを超過する量は，同じ点からGまで

〔第13図〕

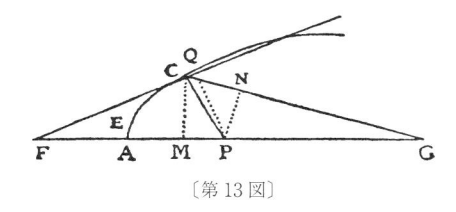

ひいた線を GA が超過する量にたいして，或る与えられた比をもつとするのである[44]．GA∞$b$, AF∞$c$ としよう．また，曲線上に任意に点 C をとるとき，CF が FA を超過する量は GA が GC を超過する量にたいして $d$ 対 $e$ の比にあるとしよう．この未定の量を $z$ と名づけるならば，FC は $c+z$, GC は $b-\dfrac{e}{d}z$ となる．次に MA∞$y$ とおけば，GM は $b-y$, FM は $c+y$ であり，CMG は直角三角形であるから，GC の平方から GM の平方を除き，

$$\text{CM の平方，} \frac{ee}{dd}zz-\frac{2be}{d}z+2by-yy$$

を得る．次に，FC の平方から FM の平方を除き，CM の平方を別の形，

$$\text{すなわち } zz+2cz-2cy-yy$$

として得る．これらの項は前の項に等しいから，

$$y \text{ または MA,} \quad \frac{ddzz+2cddz-eezz+2bdez}{2bdd+2cdd}$$

が知られ，CM の平方中，$y$ のところにこの計を代入して，

これは次の項であらわされることを見いだす.

$$\frac{bddzz+ceezz+2bcddz-2bcdez}{bdd+cdd}-yy.$$

次に，直線 PC は曲線と点 C で直角に交わると仮定して，前のように PC∞$s$，PA∞$v$ とおけば，PM は $v-y$ であり，PCM は直角三角形であるから，

CM の平方として $ss-vv+2vy-yy$

が得られる. $y$ のところに，ふたたびこれに等しい計を代入して，

$$zz+\frac{2bcddz-2bcdez-2cddvz-2bdevz-bddss+bddvv-cddss+cddvv}{bdd+cee+eev-ddv}\infty 0$$

が求める方程式として得られる.

ところで，このような方程式が見いだされたうえは，量 $x$, $y$, または $z$ を知るためにこれを使うのではなく——点 C は与えられているのであるから，これらの量はすでに与えられている——求める点 P を定める $v$ または $s$ を見いだすために用いるべきである. このためには，次のことを考えねばならない. もしこの点が求めるとおりのものであれば，P を中心とし点 C を通る円はそこで CE を切ることなく，これに接するであろう. しかし，この点 P が点 A に少しでも近すぎるか遠すぎるならば，この円は，単に点 C においてばかりでなく，必ず他の点においても曲線を切るであろう. さらに，次のことも考えねばならない. この円が曲線 CE〔第 14 図〕を切るとき，PA, PC を既知と仮定し

〔第14図〕

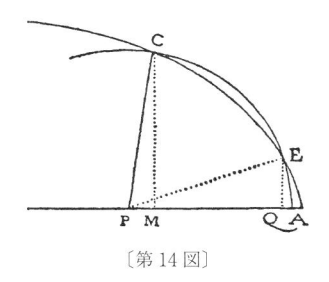

て量 $x, y$ またはこれに類するものを求めるのに使う方程式は，必ず相等しくない2根を含む．なぜならば，たとえば，もしこの円が曲線を点 C と E において切るとすれば，CM に平行に EQ をひくとき，未定量の名 $x, y$ は線 CM, MA にあてはまると同様に，EQ, QA にもあてはまるであろう．それに，円の性質から PE は PC に等しいため，PE, PA が与えられたと仮定して線 EQ, QA を求めても，PC, PA によって CM, MA を求めるのと同じ方程式を得るであろう．だから明らかに，$x, y$，そのほか仮定された他の量の値は，この方程式では2重となるであろう．すなわち，方程式は互いに等しくない2根を有し，$x$ を求めるならば，一方は CM，他方は EQ であろうし，$y$ を求めるならば，一方は MA，他方は QA であろう．他の量についても同様である．いかにも，点 E が点 C と曲線の同じ側にないならば，2根のうち一方のみが真であり，他方は逆向きと言うか，ゼロより小であろう[45]．しかし，これらの2点

C, E が互いに近づけば近づくほど，これらの 2 根の間の差は小となり，最後に 2 点が 1 点に帰するとき，すなわち，C を通る円がそこで曲線 CE を切ることなく，これに接するとき，2 根はまったく等しくなる．

そのうえ，次のことを考えねばならない．ひとつの方程式中に等根がある場合には，それは必ず，未知と仮定された量からそれに等しい既知量を引いたものを自乗し，それでもこの最後の計が前の計と同じ次元をもたないならば，欠けているだけの次元をもった他の計を掛けたものと同じ形をもつ．これによって，一方の計の各項と他方の計の各項の間に別々に相等性が成りたちうるのである[46)]．

たとえば，上に見いだされた最初の方程式[47)]〔の左辺〕，

すなわち $yy + \dfrac{qry - 2qvy + qvv - qss}{q-r}$

は，$e$ が $y$ に等しいとして，$y-e$ を自乗してできるもの，

$$yy - 2ey + ee$$

と同じ形をもつべきである．そこで，これらの各項を別々に比較し，$yy$ という第 1 項はどちらの方程式でも同じであるから，

　　一方における第 2 項 $\dfrac{qry - 2qvy}{q-r}$ は，他方の第 2 項 $-2ey$ に等しい，

と言うことができる．

そこで線 PA である量 $v$ を求めて，

$$v \infty e - \frac{r}{q}e + \frac{1}{2}r$$

を得るが，$e$ は $y$ に等しいと仮定したのであるから，

$$v \infty y - \frac{r}{q}y + \frac{1}{2}r$$

としてよい．

　さらには第 3 項を用い，

$$ee \infty \frac{qvv - qss}{q - r}$$

として，$s$ を求めることもできるが，量 $v$ が十分に点 P を定めており，われわれが求めた点もこれだけなのであるから，それ以上進む必要はない．

　同様に，上に見いだされた第 2 の方程式[48]〔の左辺〕，すなわち，

$$y^6 - 2by^5 + \left.\begin{array}{r} -2cd \\ bb \\ + dd \end{array}\right\} y^4 + \left.\begin{array}{r} -2cd \\ +4bcd \\ -2ddv \end{array}\right\} y^3 + \left.\begin{array}{r} -2bbcd \\ + ccdd \\ - ddss \\ + ddvv \end{array}\right\} yy - 2bccddy + bbccdd$$

は $yy - 2ey + ee$ に $y^4 + fy^3 + ggyy + h^3 y + k^4$ を掛けて作られる計，すなわち，

$$y^6 + \left.\begin{array}{r} f \\ -2e \end{array}\right\} y^5 - 2ef \left.\begin{array}{r} + gg \\ + ee \end{array}\right\} y^4 - 2egg \left.\begin{array}{r} + h^3 \\ + eef \end{array}\right\} y^3 - 2eh^3 \left.\begin{array}{r} + k^4 \\ + eegg \end{array}\right\} yy \left.\begin{array}{r} -2ek^4 \\ +eeh^3 \end{array}\right\} y + eek^4$$

と同じ形をもつべきであり，これらふたつの方程式から私は，6 個の量 $f, g, h, k, v, s$ を知るのに役立つ 6 個の別の方

程式を引き出す. 提出された曲線がどの類に属するものであれ, このように扱うならば, 仮定せざるをえない未知の量と同数の方程式が常にできることは, 難なく理解されることである. しかし, これらの方程式を順序正しく整理し, 最後に量 $v$ ——これだけが必要なのであり, 他のものはついでに求めるのである——を見いだすためには, まず第 2 項によって, 最後の計の未知量中の最初のものである $f$ を求めねばならない. こうして

$$f \infty 2e - 2b$$

が見いだされる. つぎに, 最後の項によって, 同じ計の未知量の最後のものである $k$ を求めねばならない. こうして

$$k^4 \infty \frac{bbccdd}{ee}$$

が見いだされる. 次に, 第 3 項によって第 2 の量 $g$ を求めねばならず,

$$gg \infty 3ee - 4be - 2cd + bb + dd$$

が得られる. 次に, 最後から 2 番目の項によって, 最後から 2 番目の量 $h$ を求めねばならず,

$$h^3 \infty \frac{2bbccdd}{e^3} - \frac{2bccdd}{ee}$$

となる. この計のうちにさらに量があるならば, 同じ順序に従って最後の量に達するまで続けねばならない. これはいつも同じ仕方ですればよい.

それから，この順序で次の項，ここでは第 4 項によって量 $v$ を求めねばならず，

$$v \infty \frac{2e^3}{dd} - \frac{3bee}{dd} + \frac{bbe}{dd} - \frac{2ce}{d} + e + \frac{2bc}{d} + \frac{bcc}{ee} - \frac{bbcc}{e^3}$$

を得る．$e$ のところにそれに等しい $y$ をおいて，線 AP として

$$v \infty \frac{2y^3}{dd} - \frac{3byy}{dd} + \frac{bby}{dd} - \frac{2cy}{d} + y + \frac{2bc}{d} + \frac{bcc}{yy} - \frac{bbcc}{y^3}$$

を得る．

同様にして，第 3 の方程式[49]〔の左辺〕

$$zz + \frac{2bcddz - 2bcdez - 2cddvz - 2bdevz - bddss + bddvv - cddss + cddvv}{bdd + cee + eev - ddv}$$

は，$f$ が $z$ に等しいと仮定して，$zz - 2fz + ff$ と同じ形をもっている．そこでふたたび，

$$-2f \text{ または } -2z \text{ と } \frac{+2bcdd - 2bcde - 2cddv - 2bdev}{bdd + cee + eev - ddv}$$

の間に相等性が成りたち，そこから

$$\text{量 } v \text{ は } \frac{bcdd - bcde + bddz + ceez}{cdd + bde - eez + ddz}$$

であることが知られる．

したがって，$v$ に等しいこの計——そのすべての量は知られている——によって線 AP を構成し，こうして見いだされた点 P から，C の方へ直線をひけば，この直線はそこで曲線 CE を直角に切り，作図は終わる．そして，この問題をひろげて何らかの幾何学的計算の対象となるあらゆる

曲線を同様に扱うことをさまたげるものはないはずである．

　なお，別の〔2次式の〕計に次元が足りないとき，それをおぎなうために任意にとる最後の計，たとえば，さきほどとった[50]

$$y^4 + fy^3 + ggyy + h^3y + k^4$$

について，＋と－の符号はそこでは任意に仮定しうることに注意すべきである．量 $v$ または AP がそのために変わることはない．これはためしてみればすぐわかることである．定理に言及するたびにいちいち証明が必要というのであれば，私は望んでいるよりはるかに大きな本を書かねばならぬことになる．しかし，この際次のことは述べておきたい．同じ形をもつふたつの方程式を仮定し，一方のすべての項を他方の項と別々に比較して，ひとつの方程式から多数の方程式を生じさせる工夫は——読者はここにその一例を見られたのだが——他の無数の問題にも役立ちうるもので，私が使う方法中の最も些細な工夫ではないのである．

　上に説明した計算を受けて求める接線または垂線[51] を見いだすことは常に容易であるから，その作図法は書き加えない．ただし，作図を短く簡単にするためには，若干の技巧を要することが多いのである．

　［コンコイドに関する本問題の作図の例］

　たとえば，CD〔第15図〕が A を極とし BH を基線とする古代人の第1コンコイドであるとすれば，曲線 CD と直

〔第15図〕

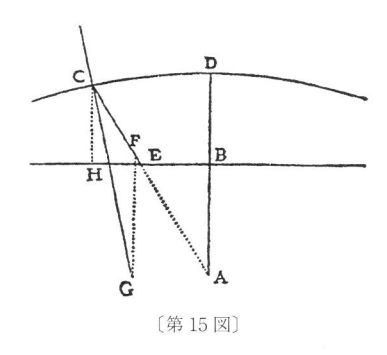

線 BH にはさまれながら A に向かうすべての直線，たとえば DB や CE は相等しい．この曲線を点 C において直角に切る線 CG を見いだそうとする場合，上に説明した方法に従って，線 BH 上に線 CG が通るべき点を求めるならば，前述の場合のどれとも同じか，ことによるとさらに長い計算に踏みこむことになりかねない．しかしながら，そこからついで引き出されるべき作図法は，至って簡単である．直線 CA 上に CF をとって，それを HB に垂直な CH に等しくし，点 F から FG を BA に平行で EA に等しくひく．これによって，求める線 CG が通るべき点 G が得られるのである[52]．

[光学に役立つ新しい卵形線4類の説明]

のみならず，曲線に関してここに提出した考察が無益ではないことを示し，また円錐曲線の性質に劣らぬさまざまな性質をもつ曲線があることを示すため，私はさらにいく

つかの卵形線[53]の説明を加えておこうと思う．それが反射光学や屈折光学の理論に非常に有益なことを読者はやがて見られるであろう．私がそれを描く方法は次のとおりである．

　まず，点A〔第16図〕で交わる2直線FA, ARをひき——2線のなす角度はどうでもよい——その一方の上に任意に点Fをとる．任意というのは，卵形線を大きくしたいか小さくしたいかに応じてAから多く離したり少なく離したりする，という意味である．この点Fを中心として，点Aより少し先，たとえば点5を通る円を描く．この点5から直線56をひいて，他の直線を点6で切り，A6は，与えられた任意の比，というのは，曲線を屈折光学に用いようとするのであれば屈折を測る比に従って，A5より小にしておく．それから，線FA上で点5と同じ側に任意に点

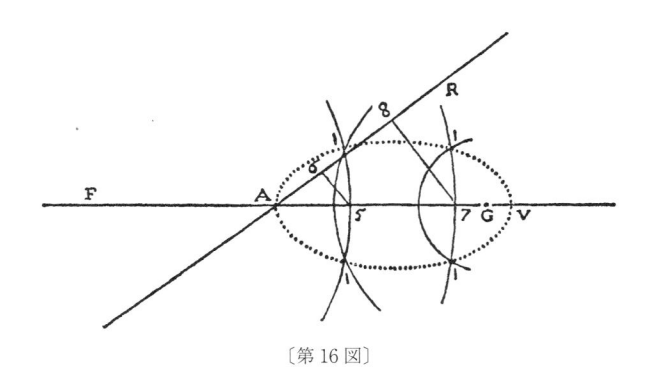

〔第16図〕

Gをとる．すなわち，線 AF, GA は任意の与えられた比をなすわけである．次に RA を線 A 6 上に GA に等しくとり，G を中心として半径が R 6 に等しい円を描いて，他の円を〔FA の〕両側で点 1 で切れば，これが求める卵形線中の第 1 のものが通るべき点のひとつである．次に，ふたたび F を中心として，点 5 の少し前か後，たとえば点 7 を通る円を描き，5 6 に平行に直線 7 8 をひき，G を中心として半径が R 8 に等しい円を描く．この円が点 7 を通る円を点 1 において切るとすれば，これもまた同じ卵形線の点のひとつである．こうして，さらに 7 8 に平行な他の線をひき，F, G を中心とする他の円を描いて，欲するだけ多くの他の点を見いだすことができる．

　第 2 の卵形線〔第 17 図〕については，ただ次の点が違うだけである．AR のかわりに，点 A の反対側に AG に等しい AS をとらねばならず，また，F を中心として点 5 を通る円を切るために，G を中心とする円を描く場合，その半径は線 S 6 に等しくなければならない．点 7 を通る円を切る場合は，半径は S 8 に等しくなければならず，以下同様とする．この方法によってこれらの円が 2, 2 と記された点で交わるとき，これは第 2 の卵形線 A 2 X の点である．

　第 3 および第 4 の卵形線〔第 18, 19 図〕については，線 AG のかわりに，AH を点 A の反対側，すなわち点 F と同じ側にとらねばならない．そのうえ，この線 AH は AF より大であるべきことにも注意する必要がある．AF はこれらすべての卵形線の描くに際しゼロでもありうるのであっ

〔第17図〕

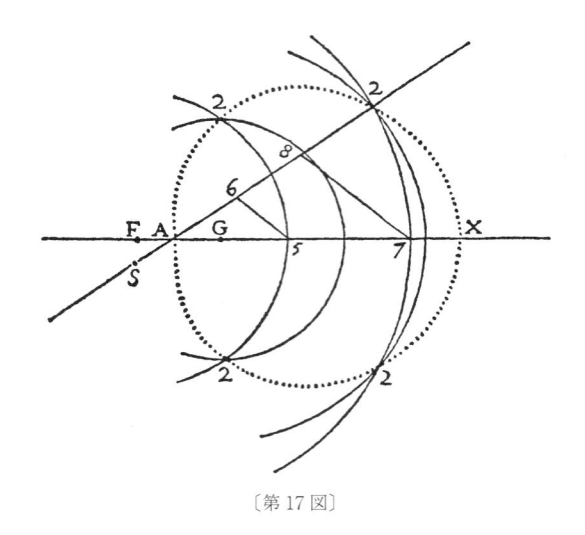

て，この場合，点Fは点Aの位置に来ることになる．さて，線AR，ASはAHに等しいとして，第3の卵形線A3Yを描くためには，Hを中心とし半径がS6に等しい円を描いて，Fを中心とし点5を通る円を点3において切り，また半径がS8に等しい他の円を描いて，点7を通る円をやはり3と記された点で切り，以下同様にする．最後の卵形線に関しては，Hを中心とし，半径が線R6，R8，その他これに類するものに等しい円を描き，他の円を4と記された点で切る．

　これらの卵形線を描くのに，ほかにも無数の方法を見い

第 2 巻　　　069

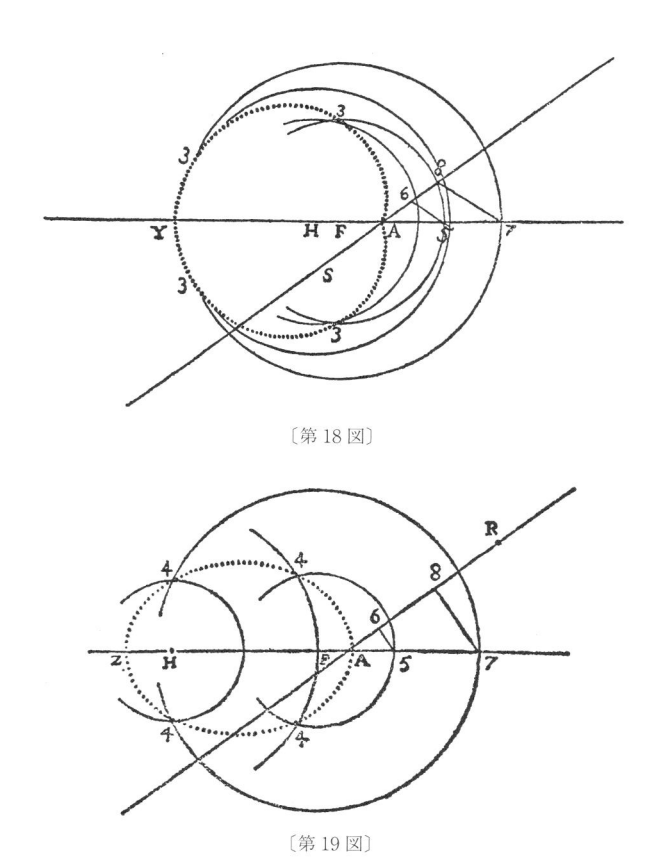

〔第 18 図〕

〔第 19 図〕

だすことができよう．たとえば，線 FA, AG〔第 20 図〕が相等しいと仮定するとき，第 1 の卵形線を描くには，全体 FG を点 L で分けて，FL 対 LG が A 5 対 A 6 となるようにする．つまり，両部分が屈折を測る比をもつわけである．つぎに AL を点 K で等分しておいて，指 C で紐 EC を押しながら，FE のような定木を点 F のまわりに回転させる．紐 EC は E の方でこの定木の端に結びつけられていて，C から K の方へ，K からふたたび C の方へ，C から G の方へと曲がり，G で他の端が固定されていて，紐の長さは線 GA プラス AL プラス FE マイナス AF の長さでできている．楕円と双曲線について『屈折光学』で述べたことにならない，点 C の運動によってこの卵形線が描かれるであろう．しかし，この点についてこれ以上詳しく述べるつもりはない．

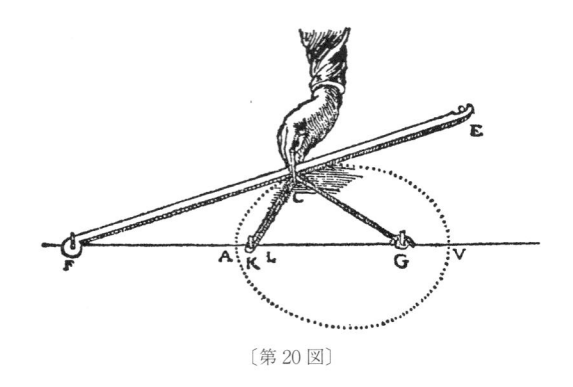

〔第 20 図〕

ところで，これらの卵形線はすべてがほとんど同じ性質をもつように思われるであろうが，やはり4個の異なった類に属するものであって，その各々が自分の下に無数の他の類を含み，その各々がまた，楕円や双曲線の類と同数の異なった種を含んでいる．なぜならば，線A5とA6，またはこれに類するものの間の比が異なるに応じて，これらの卵形線の下位の類は異なるからである．また，線AFとAGまたはAHの間の比が変わるに応じて，各下位類の卵形線の種が変わる．そしてAGまたはAHが大きいか小さいかに応じて，卵形線はさまざまな大きさをもつ[54]．線A5とA6が等しければ，第1類あるいは第3類の卵形線のかわりに，単なる直線が描かれる．しかし第2類の卵形線のかわりには，可能なかぎりの双曲線が描かれ，最後の類の卵形線のかわりには，あらゆる楕円が描かれるのである[55]．

　[反射および屈折に関するこれらの卵形線の性質]

　のみならず，これらの卵形線の各々において，性質を異にするふたつの部分を考えねばならない[56]．すなわち，第1の卵形線の場合，Aの側にある部分では，空気中にあって点Fから来た光線はすべて，1A1を表面とするレンズの凸面に出会うと，方向を変えて点Gに向かうのであり，このレンズでは，『屈折光学』で述べられたとおり，屈折はすべて，この卵形線を描くに用いた線A5とA6，またはそれに類する線の間の比によって測られうるのである[57]．

　しかしVの側にある部分では，点Gから来た光線はす

べて，1V1の形をもつ鏡の凹面に出会うと，Fの方に反射
するであろう．ただし，この鏡は線A5とA6の間の比に
従って光線の力を減ずるような物質で作られているとする
のである．なぜならば，『屈折光学』で証明したことから，
この場合，反射角も屈折角と同様に不等であり，同じよう
にして測られうるであろうことは明らかだからである[58]．

　第2の卵形線においては，部分2A2はやはり，角が不
等であると仮定された反射に役立つ．なぜならば，鏡が前
の場合と同じ物質で作られていれば，その表面は，点Gか
ら来たすべての光線を，点Fから来たと見えるように反射
させるであろうから．注目すべきことに，線AGをAFよ
り非常に大きくすれば，この鏡は中央のAのあたりで凸
になり，両端で凹になるであろう．もともとこれがこの線
の形であり，この点では卵形よりも心臓の形をしている．

　しかし，残りの部分2X2[59]は屈折に役立ち，空中にあ
ってFに向かう光線は，この形をもつレンズの表面を横切
るとき，Gの方へ方向を変える．

　第3の卵形線はすべての部分が屈折に役立ち，空中にあ
ってFに向かう光線は，A3Y3の形をもつ表面を横切っ
たのち，レンズの中でHの方へ向かおうとする．A3Y3
はAのあたりを除き至るところ凸で，Aのあたりでは少
し凹になり，前のものと同様に，心臓の形をもっている．
この卵形線のふたつの部分の間にある相違と言えば，点F
は点H以上に一方の部分に近く，また同じ点H以上に他
方の部分から離れていることである．

同様に，最後の卵形線はすべての部分が反射に役立ち，点Hから来た光線が前のものと同じ物質でできた鏡のA4Z4の形をした凹面に出会うと，すべてFの方に反射するであろう．

そこで点FとGまたはHは，『屈折光学』で楕円と双曲線の同様な点を焦点と名づけたのにならって，これらの卵形線の焦点と呼ぶことができる．

これらの卵形線によって規制される他の多くの屈折や反射については省略する．というのは，これらは上述のものの逆または反対[60]にすぎず，上述のところから容易に導き出されるからである．

[反射および屈折に関するこれらの卵形線の性質の証明]

しかし，私が上に述べたことの証明は省略するわけにゆかない．このため，たとえば点C〔第13図（57ページ）〕を第1の卵形線の第1の部分の任意の位置にとったうえ，曲線を点Cにおいて直角に切る直線CPをひこう．これは前の問題によって容易にできる．なぜならば，AGを$b$，AFを$c$，FCを$c+z$とし，また，$d$と$e$の間の比をここでもやはり提出されたレンズの屈折を測る比と考えるとともに，それがこの卵形線を描くのに使った線A5とA6，またはそれに類するものの間の比をも示すと仮定する．そこでGCは$b-\dfrac{e}{d}z$となり，線APは上に示されたとおり，

$$\frac{bcdd-bcde+bddz+ceez}{bde+cdd+ddz-eez}$$

であることが知られる[61]．そのうえ，点Pから直線FCに

直角に PQ をひき，また GC に直角に PN をひくとき，PQ 対 PN が $d$ 対 $e$，すなわち凸面レンズ AC の屈折を測る線の間の比に等しいならば，点 F から点 C に来る光線はこのレンズに入るときに曲がって，G の方に向かわねばならぬことに注意しよう．これは『屈折光学』で述べたところからきわめて明らかなことである．最後に，計算によって，実際に PQ 対 PN が $d$ 対 $e$ であるかどうかを調べよう．直角三角形 PQF, CMF は相似であるから，CF 対 CM は FP 対 PQ である．したがって，FP に CM を掛け，CF で割れば PQ に等しい．同様に，直角三角形 PNG, CMG は相似であるから，GP に CM を掛け，CG で割れば，PN に等しい．次に，ふたつの量に同じ量を掛けても，同じ量で割っても，それらの間の比は変わらないから，FP 掛 CM 割 CF と GP 掛 CM 割 CG との比が $d$ 対 $e$ であるならば，これらの計の双方を CM で割り，ついで双方に CF を掛け，さらに CG を掛けるとき，残る FP 掛 CG は GP 掛 CF に対して $d$ 対 $e$ でなければならない．ところで，作図によって，

$$\text{FP は } c + \frac{bcdd - bcde + bddz + ceez}{bde + cdd + ddz - eez}$$

$$\text{あるいは FP} \infty \frac{bcdd + ccdd + bddz + cddz}{bde + cdd + ddz - eez}$$

$$\text{また CG は } b - \frac{e}{d}z.$$

そこで，FP に CG を掛けて，

$$\frac{bbcdd+bccdd+bbddz+bcddz-bcdez-ccdez-bdezz-cdezz}{bde+cdd+ddz-eez}.$$

次に，

$$\text{GP は } b[+]\frac{-bcdd+bcde-bddz-ceez}{bde+cdd+ddz-eez}\ {}^{(*)},$$

$$\text{あるいは GP} \infty \frac{bbde+bcde-beez-ceez}{bde+cdd+ddz-eez},$$

$$\text{また CF は } c+z.$$

そこで，GP に FC を掛けて，

$$\frac{bbcde+bccde-bceez-cceez+bbdez+bcdez-beezz-ceezz}{bde+cdd+ddz-eez}.$$

これらの計のうち第1のものを $d$ で割れば，第2のものを $e$ で割ったものと同じになるから，明らかに FP 掛 CG 対 GP 掛 CF，すなわち PQ 対 PN は $d$ 対 $e$ になる．証明終わり．

この証明は，提出された卵形線のうちに生ずる他の屈折ないし反射について述べたすべてのことにもあてはまるのであって，計算の符号 + と − のほかは何も変えるに及ばない．これは，私が言葉を費やすまでもなく，各自が容易にためしてみることができるはずである．

しかし，前に『屈折光学』で私が省略したことは今おぎなっておかねばならない．私はそこで，いくつかの異なった形のレンズが同じ効果をもち，物体の同じ点から来た光線がすべてそれらのレンズを横切ったあとで他の1点に集まること，そして，これらのレンズのうち，一面が強く凸

で他方が凹なものの方が，両面が同様に凸なものより焼く力が強いこと，しかし望遠鏡には逆に後者が最適であることを指摘したあと[62]，これらのレンズを職人が切る場合の困難を考えて，実際上最もすぐれていると思われるレンズを説明するにとどめた[63]．それゆえ，この学問の理論に不十分な点が残らないように，ここでなお，一方の表面が好むだけ凸または凹でありながら，1点からそこに達するすべての光線，あるいは平行光線を他の1点に集めるレンズの形，また両面が同様に凸でありながら類似の効果をもつレンズの形，あるいは一面の凸出度が他面のそれにたいして与えられた比をもつレンズの形を説明せねばならない．

　[一方の表面が望むだけ凸または凹でありながら，与えられた1点から来たすべての光線を与えられた他の1点に集めるレンズを，どのようにして作りうるか]

　第1の場合として，点 G, Y, C, F〔第21図〕が与えられ，点 G から来た光線，あるいは GA に平行な光線が，凸面レンズを横切ったのち，点 F に集まらねばならないとしよう．ただし，Y がこのレンズの内側の表面〔の横断面〕の中点であるとき，その縁は C にあり，弧 CYC の弦 CMC

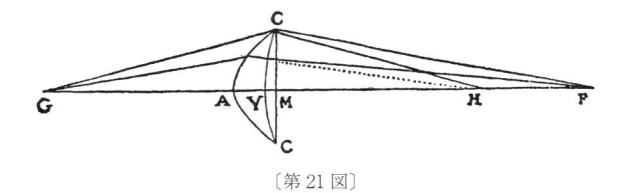

〔第21図〕

と矢YMは与えられているとするのである．まず考えねばならない問題は，内部ではすべての光線が同じ1点，たとえばHに向かい——この点はまだ知られていないのだが——そとへ出ると他の点，すなわちFに向かうようなレンズYCの表面は，上に説明したどの卵形線の形をもつべきか，ということである．というのも，1点から他の1点への反射ないし屈折によって変わる光線間の関係については，これらの卵形線のどれかによってひき起こされないような効果はないからである．そして，いま問題にしている効果は，第3の卵形線で上に3A3と記された部分，または同じ卵形線の3Y3と記された部分，あるいはまた第2の卵形線の2X2と記された部分によってひき起こされうることは容易にわかる．これら三つの場合は同じ計算ですむから，どの卵形線についても，Yを頂点，Cを周の1点，Fを焦点のひとつにとるべきである．残るところは，もうひとつの焦点となるべき点Hを求めることだけである．これを見いだすためには，次のように考えればよい．これらの卵形線の描き方から明らかなように，線FYとFCの間の差は，線HYとHCの間の差にたいして$d$対$e$，すなわち提出されたレンズの屈折を測る線のうち長い方が短い方にたいする比をもつはずである．さて，線FY, FCは与えられているから，それらの差もまた与えられており，ひいては，HYとHCの間の差も与えられている．これらのふたつの差の間の比が与えられているのだから，そのうえ，YMは与えられているから，MHとHCの間の差も与

えられており、最後に、CM は与えられているから、直角三角形 CMH の辺 MH を見いだすことだけが残るが、他の辺 CM は知られており、底 CH と求める辺 MH の差も知られているのであるから、MH を見いだすことは容易である。実際、MH にたいする CH の超過分を $k$ とし、線 CM の長さを $n$ とすれば、MH は $\dfrac{nn}{2k} - \dfrac{1}{2}k$ となるであろう。こうして H を求めたとき[*]、もしそれが点 Y から点 F 以上に離れているならば、線 CY は第 3 類の卵形線の第 1 の部分で、さきほど 3 A 3 と名づけられたものでなければならない。しかし、HY が FY より小さいか、あるいは HF を超過して、その超過分が、屈折を測る線のうち短い方の $e$ を長い方の $d$ と比べたときよりも、全体 FY に比べてより大であるならば、すなわち、HF∞$c$、HY∞$c+h$ としたとき、$dh$ が $2ce+eh$ より大であるならば、CY は同じ第 3 類の卵形線の第 2 の部分で、さきほど 3 Y 3 と名づけられたものでなければならない。また $dh$ が $2ce+eh$ に等しいか、これより小であるならば、CY は第 2 類の卵形線の第 2 の部分で、上に 2 X 2 と名づけられたものでなければならない。最後に、点 H が点 F と同じであれば——これは FY と FC が等しい場合にしか起こらないことであるが——この線 YC は円である。

このうえは、このレンズの他の表面 CAC を求めねばならないが、そこにあたる光線が平行であると仮定すれば、これは H を焦点とする楕円でなければならず、これを見いだすことはやさしい。しかし、光線が点 G から来ると仮

定すれば，これは G と H を焦点とし，点 C を通る第 1 類の卵形線の第 1 の部分でなければならない．そこで，GC は GA より大きく，その差は HA が HC を超過する量にたいして $d$ 対 $e$ の比にならなければならぬことを考えて，この卵形線の頂として点 A を見いだすことができる．なぜならば，CH と HM の間の差を $k$ とするとき，AM を $x$ と仮定すれば，AH と CH の間の差は $x-k$ となるであろう．次に，与えられた GC と GM の間の差を $g$ とすれば，GC と GA の間の差は $g+x$ となるであろう．この $g+x$ は他の $x-k$ にたいして $d$ 対 $e$ の比にあるから，

$$ge + ex \infty dx - dk$$

となり，線 $x$ または AM として $\dfrac{ge+dk}{d-e}$ が得られ，これによって求める点 A が決定される．

　　[前のレンズと同じ効果をもちながら，一方の表面の凸出度が他方の表面のそれと与えられた比をもつものを，どのようにして作りうるか]

　他の場合に移り，点 G, C, F〔第 22 図〕と，線 AM, YM の間の比しか与えられていないときに，点 G から来るすべ

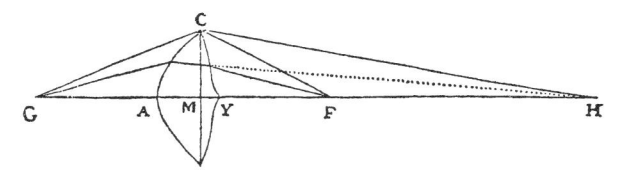

〔第 22 図〕

ての光線を点 F に集めるレンズ ACY の形を見いださねば
ならないとしよう．

ここでもまたふたつの卵形線を使うことができる．一方
の AC は G と H を焦点とし，他方の CY は F と H を焦点
とするものである．これらを見いだすために，まず，両者
に共通な点 H が知られていると仮定し，いましがた説明
した方法で，3 点 G, C, H から AM を求める．すなわち，
CH と HM の間の差を $k$, GC と GM の間の差を $g$ とし，
AC を第 1 類の卵形線の第 1 の部分とすれば，AM として
$\frac{ge+dk}{d-e}$ を得る．次に，CY が第 3 類の卵形線の第 1 の部
分となるように，MY をも 3 点 F, C, H によって求める．
MY を $y$, CF と FM の間の差を $f$ とすれば，CF と FY の
間の差として $f+y$ を得る．次に，CH と HM の間の差は
すでに $k$ としたから，CH と HY の間の差として $k+y$ を
得る．これは第 3 類の卵形線の性質から $f+y$ にたいして
$e$ 対 $d$ の比になるべきことを私は知っている．そこで，$y$
または MY は $\frac{fe-dk}{d-e}$ であることがわかる．次に，AM
および MY として見いだされた 2 個の量を加え，全体 AY
として $\frac{ge+fe}{d-e}$ が見いだされる．したがって，点 H がど
ちら側にあると仮定しても，この線 AY を構成する量は，
GC, CF を合わせたものが全体 GF を超過する量にたい
し，提出されたレンズの屈折を測る 2 線のうちの短い方 $e$
が 2 線の差 $d-e$ にたいするのと同じ比にある．これはな
かなか美しい定理である．ところで，こうして全体 AY を
得たうえは，その部分 AM, MY がもつべき比に従ってこ

れを切らねばならない．点 M はすでに得られているのであるから，この方法によって点，A, Y もまた見いだされ，続いて，点 H が前の問題によって見いだされる．しかし，こうして見いだされた線 AM が $\frac{ge}{d-e}$ より大か，小か，これに等しいかを，あらかじめ調べておかねばならない．というのも，もしこれより大であれば，さきに仮定したとおり，曲線 AC は第 1 類の卵形線の第 1 の部分であり，CY は第 3 類の卵形線の第 1 の部分でなければならぬことが知られるが，反対にもし小であれば，CY の方が第 1 類の卵形線の第 1 の部分で，AC は第 3 類の卵形線の第 1 の部分であるとしなければならない．最後に，もし AM が $\frac{ge}{d-e}$ に等しければ，2 曲線 AC, CY はともに双曲線でなければならない．

これらふたつの問題を他の無数の場合にひろげることもできようが，それらは屈折光学において使い途がなかったものであるから，いちいち演繹することはしない．

さらに進んで，一方の表面が与えられたとき，それが単なる平面であるか，円錐曲線ないし円で構成されているとの条件で，そのレンズが与えられた 1 点から来たすべての光線を同じく与えられた他の 1 点に伝えるためには，他の面をどのように作るべきかをも述べることができよう．この問題は上に説明したのより少しもむずかしくない．いなむしろ，そのための道はすでに開かれている以上，この方がよほどやさしい．しかし，この問題は他の人々に考えてもらいたい．解くのに少し苦労がいるようならば，ここに

証明されたことがらの発明をそれだけ高く評価してもらえるであろうから．

[平面上に描かれた曲線について上に述べたことを，3次元をもつ空間内に描かれる曲線に，どのようにしてあてはめうるか]

それに，私はいままでずっと平面に描きうる曲線についてしか話さなかったが，何らかの物体の諸点の規則正しい運動によって3次元をもつ空間内に作られると想像しうるようなすべての曲線に，私が言ったことをあてはめるのは容易である．つまり，考えようとする曲線の各点から，直角に交わる2平面に1本ずつ垂線をおろせばよいのである．なぜならば，これらの垂線の端点は各平面上にひとつずつ，2本の曲線を描くが，上に説明した方法によって，それらの曲線のすべての点を決定し，2平面に共通な直線上の点にこれを関係づけることができるからである．これによって，3次元をもつ曲線の点は完全に決定される．この曲線を与えられた点で直角に切る直線をひこうとするときも，2平面の各々の上にある曲線を，与えられた点からおろした垂線がそれらにあたる点で直角に切る2直線を，それらの2平面上にひきさえすればよい．なぜならば，これらの直線の上にひとつずつ，その直線が乗っている平面を直角に切る平面を立てれば，それらの交線によって求める直線が得られるであろうから[64]．そこで，曲線の理解に必要な基礎知識を私は何ひとつ省略しなかったと考えるのである．

# 第 3 巻

# 立体的またはそれ以上の問題の作図について

[各問題の作図にどのような曲線を使いうるか]

 何らかの規則正しい運動によって描かれうる曲線はすべて幾何学に受けいれられるべきであるとしても，だからといって，各問題の作図のために最初に出会った線を何でも使ってよいというものではなく，問題を解くことのできる最も単純な線を常に選ぶように心がけるべきである．さらに，最も単純という場合，単に最も容易に描かれうる線や，提出された問題の作図ないし証明をより容易にする線を考えるのではなく，主として，求める量を決定するに役立ちうる最も単純な種類の線を主眼とすべきである，ということにも注意を要する．

[多くの比例中項を見いだすことに関する例]

 たとえば，欲するだけ多数の比例中項を見いだすためには，上に説明した器具 XYZ[1]〔第 6 図（31 ページ）〕によって描かれる曲線を用いる以上に容易であり，またより明瞭に証明しうる方法があるとは思われない．なぜならば，YA と YE の間に 2 個の比例中項を見いだそうとするならば，YE を直径とする円を描くだけでよい．この円は曲線 AD を点 D において切るから，YD が求める比例中項のひ

とつである．その証明は，この器具を線 AD にあてがうだけで一目瞭然である．YA またはそれに等しい YB 対 YC は，YC 対 YD であり，さらに YD 対 YE だからである．

同様に，YA と YG の間に 4 個の比例中項を見いだそうとし，または YA と YN の間に 6 個の比例中項を見いだそうとするならば，AF を点 F において切る円 YFG を描き，または AH を点 H において切る円 YHN を描くだけでよい．前者は求める 4 個の比例中項のひとつである直線 YF を決定し，後者は 6 個の比例中項のひとつである YH を決定する．他の場合も同様である．

しかし，曲線 AD は第 2 類に属するが[2]，2 個の比例中項は第 1 類に属する円錐曲線によって見いだすことができるし[3]，また，4 個ないし 6 個の比例中項は AF や AH ほど複雑ではない種類の曲線によって見いだすことができるから[4]，このような目的のために上記の線を使うのは幾何学における誤りと言うべきであろう．他方，問題の性質が許す以上に単純な種類の線を使って，その問題を作図しようとむだな努力を重ねるのも，これまたひとつの誤りである．

[方程式の性質について]

ところで，これらふたつの誤りのいずれをも避けるための幾つかの規則をここに述べるためには，方程式の性質について一般的に話さねばならない．方程式とはすなわち，或るものは既知，或るものは未知の多数の項によって作られた計であって，その項のいくつかは他のものに等しい，

あるいはむしろ，全体として見ればゼロに等しい．実際，項をこのようにまとめて見る方がまさっていることが多いであろう．

　　[各方程式には何個の根がありうるか]

　ところで，各方程式には未知量の次元の数と同じだけ異なる根，すなわち，この量の値がありうることを知ってほしい[5]．なぜならば，たとえば $x$ が 2 に等しい，または $x-2$ がゼロに等しいと仮定し，ついでまた $x \infty 3$，または $x-3 \infty 0$ と仮定すれば，これらふたつの方程式

$$x-2 \infty 0, \quad x-3 \infty 0$$

を互いに掛け合わせて，

$$xx - 5x + 6 \infty 0, \quad \text{あるいは } xx \infty 5x - 6$$

を得る．これは量 $x$ が 2 の値を持ち，しかもまた 3 の値をもつ方程式である．さらに $x-4 \infty 0$ とし，この計に $xx-5x+6 \infty 0$ を掛ければ，

$$x^3 - 9xx + 26x - 24 \infty 0$$

となり，これは 3 次元をもつ $x$ が同じく 3 個の値，2，3，4 をもつ方程式である．

　　[偽根とは何か]

　しかし，これらの根のうちいくつかはしばしば偽，すなわちゼロより小[6]となることがある．たとえば，$x$ が 5 という量の欠如を示すと仮定すれば，$x+5 \infty 0$ となり，

$x^3-9xx+26x-24\infty0$ をこれに掛ければ,

$$x^4-4x^3-19xx+106x-120\infty0$$

となる. この方程式には4個の根, すなわち, 2, 3, 4 という3個の真根と, 5 という1個の偽根がある.

[根のひとつを知ったとき, どのようにして方程式の次数を減じうるか]

以上から明らかにわかるように, 多くの根を含む方程式の計は, 常に, 未知量マイナス真根のひとつの値——どのような値でもよい——またはプラス偽根のひとつの値によって作られた2項式で割りうるものである. このことを用いて, 方程式の次元をそれだけ減ずることができる.

[或る与えられた量が1根の値であるかいなかをどのようにして調べうるか]

逆に, 或る方程式の計が, 未知量 + または - 或る他の量によって作られた2項式で割れないとすれば, この別の量はどの根の値でもないことが, それによって示されているのである. たとえば, 最後の方程式

$$x^4-4x^3-19xx+106x-120\infty0$$

は $x-2$ によっても, $x-3$ によっても, $x-4$ によっても, $x+5$ によっても割り切れる. しかし $x+$ または - 他の量によっては割れない. このことは, 方程式が4個の根 2, 3, 4, 5 しかもたないことを示している[7].

[各方程式には何個の真根がありうるか]

　以上からさらに，各方程式にいくつの真根がありえ，いくつの偽根がありうるかもわかる．すなわち，符号 + と − が変わる回数だけ真根があり，ふたつの符号 +，またはふたつの符号 − が続いてあらわれる回数だけ偽根がありうるのである[8]．たとえば，最後の方程式においては，$+x^4$ のつぎに $-4x^3$ という，符号 + から − への変化があり，また，$-19xx$ の次に $+106x$，$+106x$ の次に $-120$ というふたつの別の変化があるから，3個の真根があり，ふたつの符号 − が $4x^3$ から $19xx$ に続いているから，1個の偽根があることが知られる．

[方程式の偽根を真根とし，真根を偽根とするにはどうするか]

　そのうえ，同じ方程式のなかで，偽であったすべての根が真となるようにし，また同じ方法によって，真であったすべての根が偽となるようにすることは容易である．すなわち，第2，第4，第6，その他偶数で示された場所にある符号 + または − を変え，第1，第3，第5，その他奇数で示された場所にある符号はそのままにしておくのである．たとえば，

$$+x^4-4x^3-19xx+106x-120 \infty 0$$

のかわりに

$$+x^4+4x^3-19xx-106x-120 \infty 0$$

と書けば，5 という1個の真根と，2，3，4 という3個の偽

根をもつ方程式が得られる．

[方程式の根を知らないままで，それをどのようにして増減しうるか]

方程式の根の値を知らないままで，それを或る既知の量だけ増減したいと思うならば，未知の項のかわりに，それよりこの量だけ大または小な他の項を仮定し，至るところではじめの項にそれを代入するだけでよい．たとえば，方程式

$$x^4+4x^3-19xx-106x-120 \infty 0$$

の根を3だけ増そうとするならば，$x$のかわりに$y$をとり，この量$y$は$x$より3だけ大きい，すなわち$y-3$が$x$に等しいと考え，$xx$のかわりに$y-3$の平方$yy-6y+9$をおき，$x^3$のかわりにその立方$y^3-9yy+27y-27$をおき，最後に，$x^4$のかわりにその平方の平方$y^4-12y^3+54yy-108y+81$をおかねばならない．こうして至るところで$x$に$y$を代入して，前の計を書き直し，

$$\begin{array}{r} y^4-12y^3+54yy-108y+\phantom{0}81 \\ +\phantom{0}4y^3-36yy+108y-108 \\ -19yy+114y-171 \\ -106y+318 \\ -120 \\ \hline y^4-\phantom{0}8y^3-\phantom{0}1yy+\phantom{00}8y\phantom{00}*\phantom{00}\infty 0^{9)} \end{array}$$

あるいは，$y^3-8yy-1y+8 \infty 0$

を得る．ここでは，5であった真根は数3を加えられて今

や8である.

逆に, 同じ方程式の根を3だけ減らそうとするのであれば,

$$y+3 \infty x, \quad yy+6y+9 \infty xx$$

その他同様とし,

$$x^4+4x^3-19xx-106x-120 \infty 0$$

のかわりに,

$$\begin{array}{r} y^4+12y^3+54yy+108y+\phantom{0}81 \\ +\phantom{0}4y^3+36yy+108y+108 \\ -19yy-114y-171 \\ -106y-318 \\ -120 \\ \hline y^4+16y^3+71yy-\phantom{00}4y-420 \infty 0 \end{array}$$

と置くことになる.

[真根を増すと, 偽根は減ずるということ. またその逆]

注意すべきことに, 方程式の真根を増すと[10], 偽根を同じ量だけ減らすことになり, 逆に, 真根を減らすと, 偽根を増すことになる. どちらかの根をそれに等しい量だけ減らすならば, その根はゼロになり, それを超す量だけ減らすならば, 真根は偽となり, 偽根は真となる. この例では, 5という真根を3だけ増すと, 偽根の各々を3だけ減らしたことになり, 4であったものはもはや1にすぎず, 3であったものはゼロになり, 2であったものは, $-2+3=1$ に

より，真根となって1となる．したがって，方程式

$$y^3 - 8yy - 1y + 8 \infty 0$$

においては，もはや3個の根しかなく，そのうち2根1と8が真根であり，偽根はこれまた1である．

別の方程式

$$y^4 + 16y^3 + 71yy - 4y - 420 \infty 0$$

では +5−3 は 2 によるただ1個の真根 2 と，5, 6, 7 という3個の偽根がある．

[方程式の第2項をどのようにして除きうるか]

ところで，根を知らないでその値を変えるこの方法によって，あとで役に立つふたつのことをすることができる．第1は，調べる方程式の第2項を常に除くことができるということで，第1，第2項の一方が符号 + を帯び，他方が符号 − を帯びているときは，第2項の既知量を第1項の次元の数で割った量だけ真根を減らせばよく，第1，第2項がいずれも符号 + または − を帯びているときは，同じ量だけ真根を増せばよい．たとえば，最後の方程式

$$y^4 + 16y^3 + 71yy - 4y - 420 \infty 0$$

の第2項を除くためには，$y^4$ の項の次元の数は 4 であるから 16 を 4 で割ってやはり 4 を得る．したがって $z - 4 \infty y$ として，次のように書く．

$$z^4 - 16z^3 + 96zz - 256z + 256$$
$$+ 16z^3 - 192zz + 768z - 1024$$
$$+ 71zz - 568z + 1136$$
$$- 4z + 16$$
$$- 420$$
$$\overline{z^4 \quad * \quad - 25zz - 60z - 36 \infty 0}$$

ここでは，2であった真根は，4だけ増されたから6になり，5, 6, 7であった偽根は，各々4だけ減らされたから，今では1, 2, 3にすぎない．

同様に，

$$x^4 - 2ax^3 \begin{matrix} +2aa \\ -cc \end{matrix} \Bigg\} xx - 2a^3 x + a^4 \infty 0^{11)}$$

の第2項を除こうとするならば，$2a$を4で割って$\frac{1}{2}a$を得るから，$z + \frac{1}{2}a \infty x$として，次のように書かねばならない．

$$z^4 + 2az^3 + \frac{3}{2}aa\ zz + \frac{1}{2}a^3\ z + \frac{1}{16}a^4$$
$$-2az^3 - 3aa\ zz - \frac{3}{2}a^3 \Big| z - \frac{1}{4}a^4$$
$$+ 2aa \Big| zz + 2a^3 \Big| + \frac{1}{2}a^4$$
$$- cc \Big| \quad - acc \Big| - \frac{1}{4}aacc$$
$$- 2a^3 \Big| - a^4$$
$$+ a^4$$

$$\overline{z^4 \quad * \quad +\frac{1}{2}aa \Big| \quad - a^3 \Big| + \frac{5}{16}a^4 \quad \infty 0^{12)}}$$
$$\phantom{z^4 \quad * \quad +\frac{1}{2}aa} \Big| zz \phantom{-} \Big| z$$
$$\phantom{z^4 \quad * \quad +} - cc \Big| \quad - acc \Big| - \frac{1}{4}aacc$$

このあとで$z$の値が見いだされたならば，これに$\frac{1}{2}a$を加えて，$x$の値が得られるであろう．

[方程式の真根を偽としないで，すべての偽根を真とするには，どうすればよいか]

あとで役に立つ第2のことは，どの偽根の量よりも大きい量だけ真根の値を増して，すべての根を真とし，したがって符号＋または－がふたつ続かないようにしたうえに，第3項の既知量が第2項の既知量の半分の平方より大であるようにすることが常にできる，ということである．なぜならば，この操作は偽根が未知のときになされるのであるけれども，それらの大きさの見当をつけ，この目的のために必要なだけ，またはそれ以上に偽根を超える量をとることは容易だからである．たとえば，

$$x^6 + nx^5 - 6nnx^4 + 36n^3x^3 - 216n^4x^2 + 1296n^5x - 7776n^6 \infty 0$$

があるとすれば，$y - 6n \infty x$ として，

| $y^6 - 36n$ | $y^5 + 540nn$ | $y^4 - 4320n^3$ | $y^3 + 19440n^4$ | $yy - 46656n^5$ | $y + 46656n^6$ |
|---|---|---|---|---|---|
| ＋　　$n$ | －　30$nn$ | ＋　360$n^3$ | －　2160$n^4$ | ＋　6480$n^5$ | －　7776$n^6$ |
| | －　6$nn$ | ＋　144$n^3$ | －　1296$n^4$ | ＋　5184$n^5$ | －　7776$n^6$ |
| | | ＋　36$n^3$ | －　648$n^4$ | ＋　3888$n^5$ | －　7776$n^6$ |
| | | | －　216$n^4$ | ＋　2592$n^5$ | －　7776$n^6$ |
| | | | | ＋　1296$n^5$ | －　7776$n^6$ |
| | | | | | －　7776$n^6$ |

$$y^6 - 35n\ y^5 + 504nn\ y^4 - 3780n^3\ y^3 + 15120n^4\ y^2 - 27216n^5\ y\ \ *\ \ \infty 0^{(*)}$$

が見いだされるであろう．ここでは，明らかに，第3項の既知量である$504nn$は第2項の既知量の半分$\frac{35}{2}n$の平方

より大きい．真根に加える量が，この目的のため，与えられた量に比べてこの場合以上に大きいことが必要となることはけっしてないのである．

[方程式のすべての場所をどのようにして満たすか]

しかし，最終項がここではゼロになっているから，もしそれを望まないならば，根の値をさらにいくらかでも増さねばならない．増し方がいかにわずかであっても，この目的を達するには十分であろう．方程式の次元の数を増し，その項のすべての場所が満たされるようにする場合も同様である．たとえば，$x^5 **** - b \infty 0$ のかわりに，未知量が6次元をもち，どの項もゼロでないような方程式を得ようとするならば，まず

$$x^5 **** - b \infty 0$$

のかわりに

$$x^6 **** - bx * \infty 0$$

と書き，$y - a \infty x$ として，

$$y^6 - 6ay^5 + 15aay^4 - 20a^3y^3 + 15a^4yy - 6a^5y + a^6 \\ - \quad by + ab \quad \infty 0$$

を得る．量 $a$ がどのように小さいと仮定しても，方程式のすべての場所が満たされずにいないことは明らかである．

[根を知らないで，これにどのようにして乗除を施しうるか]

そのうえ，方程式の真根[13]の値を知らないで，そのすべてに任意の既知量を乗除することもできる．このために

は，根に乗除すべき量を未知量に乗除すれば或る量に等しくなると仮定し，ついで根に乗除すべき同じ量を第2項の既知量に乗除し，その平方を第3項の既知量に乗除し，その立方を第4項の既知量に乗除し，以下同様にして最終の項まで進む．

[方程式中の分数を整数に変えるにはどうするか]

このことは方程式の項に見いだされる分数，そしてしばしば根数[14]を，整数や有理数に変えるのに役立ちうる．たとえば，

$$x^3 - \sqrt{3}xx + \frac{26}{27}x - \frac{8}{27\sqrt{3}} \infty 0$$

があるとして，そのかわりに，すべての項〔の既知量〕が有理数であらわされている方程式を望むならば，$y \infty x\sqrt{3}$ と仮定して，$\sqrt{3}$ を第2項の既知量——これも $\sqrt{3}$ である——に掛け，その平方3を第3項の既知量 $\frac{26}{27}$ に掛け，その立方 $3\sqrt{3}$ を最終項の既知数 $\frac{8}{27\sqrt{3}}$ に掛けねばならない．こうして

$$y^3 - 3yy + \frac{26}{9}y - \frac{8}{9} \infty 0 \quad [15]$$

を得る．このかわりにさらに別の方程式，既知量が整数のみであらわされているものを望むならば，$z \infty 3y$ と仮定し，3に3を掛け，$\frac{26}{9}$ に9を掛け，$\frac{8}{9}$ に27を掛けねばならない．こうして

$$z^3 - 9zz + 26z - 24 \infty 0$$

が見いだされる．その根は 2，3，4 であるから，直前の方程式の根は $\frac{2}{3}$，1，$\frac{4}{3}$ であり，第 1 の方程式の根は $\frac{2}{9}\sqrt{3}$，$\frac{1}{3}\sqrt{3}$，$\frac{4}{9}\sqrt{3}$ であったことが知られるわけである．

［方程式の 1 項の既知量を任意の他の量に等しくするにはどうするか］

この操作は，方程式の或る 1 項の既知量を他の与えられた量に等しくするにも役立ちうる．たとえば，

$$x^3 * - bbx + c^3 \infty 0$$

があるとして，そのかわりに，第 3 の場所を占める項の既知量，すなわちここでは $bb$ となっている量が $3aa$ となるようにしたいならば，$y \infty x\sqrt{\frac{3aa}{bb}}$ と仮定して，

$$y^3 * - 3aay + \frac{3a^3c^3}{b^3}\sqrt{3} \infty 0$$

と書かねばならない．

［真根も偽根も実か虚でありうるということ］

そのうえ，真根も偽根も常に実であるとは限らず，時には単に虚となる[16]．すなわち，各方程式には常に私が言っただけの個数の根を想像しうるのではあるが，時には想像される根に対応する量がまったく存在しないことがある．たとえば，

$$x^3 - 6xx + 13x - 10 \infty 0$$

には3個の根を想像しうるけれども,実際には2という1個の実根しかなく,他の2根については,私が説明した仕方で増しても,減らしても,他の量を掛けても,それを虚数以外のものとはなしえないであろう.

**[問題が平面的である場合の立方方程式の単純化]**

ところで,或る問題の作図を見いだそうとして,未知量が3次元をもつ方程式に達したときには,まず,そのうちにある既知量が分数を含んでいるならば,さきほど説明した乗法によって,それを整数に変えねばならない.根数を含んでいるならば,やはり同じ乗法により,あるいはまた,至って容易に見いだしうる他の様々な方法によって,可能なかぎりこれを有理数に変えねばならない.次に,最後の項を分数とせずに割り切りうるすべての量を順序正しく調べて,それらのどれかを + または − の符号によって未知量に結びつけたものが計全体を割り切る2項式を作りうるかどうかを見なければならない.もしこれができれば,問題は平面的,すなわち,定木とコンパスによって作図しうるものである.なぜならば,この2項式の既知量が求める根であるか,さもなければ,方程式をこの2項式で割れば2次元に還元され,第1巻に述べた方法でその根を求めうるからである.

たとえば,

$$y^6 - 8y^4 - 124y^2 - 64 \infty 0$$

があるとして,最終項64は1, 2, 4, 8, 16, 32, 64で分数

とならずに割り切れる．したがって，この方程式が2項式 $yy-1$ か $yy+1$，$yy-2$ か $yy+2$，$yy+4$ などのどれかで割り切れるかどうかを順序正しく調べねばならない．すると，それは次のように $yy-16$ で割り切れることが見いだされる．

$$
\begin{array}{r}
+\ y^6-\ 8y^4-124yy-64 \infty 0 \\
\underline{-1y^6\ \ \ \ \ 8y^4-\ \ 4yy\ \ \ \ \ \ \ } \\
0\ -16y^4-128yy\ \ -16 \\
\underline{\ \ \ \ \ \ \ \ \ \ 16\ \ \ \ \ \ \ \ \ 16^{17)}\ \ \ \ \ \ \ \ \ } \\
+\ \ \ y^4+\ 8yy+\ 4 \infty 0
\end{array}
$$

[**方程式をその根を含む2項式で割る方法**]

最後の項から始めて，$-64$ を $-16$ で割り $+4$ を得て，これを商のなかに書きこむ．次に $+4$ に $+yy$ を掛け，$+4yy$ を得る．したがって，割るべき計のなかに $-4yy$ と書く．というのは，$+$ または $-$ の符号は常に積の符号と正反対に書かねばならないのである．それから，$-124yy$ を $-4yy$ と合わせて，$-128yy$ を得る．これを $-16$ で割り，$+8yy$ を得て，商のなかにおく．それに $yy$ を掛けて $-8y^4$ を得る．これを割るべき項——これも $-8y^4$——と合わせて，ふたつで $-16y^4$ になる．これを $-16$ で割り，$+1y^4$ を商として得，$-1y^6$ を $1y^6$ に加えて，$0$ を得るから，除法が終わったことが知られる．しかし，何らかの量が残ったり，先立つ項のどれかを分数とせずに割り切ることができなかったならば，除法は不可能なことがわかったであろう．

同様に,

$$y^6 \begin{matrix}+aa\\-2cc\end{matrix} y^4 \begin{matrix}-a^4\\+c^4\end{matrix} yy \begin{matrix}-a^6\\-2a^4cc\\-aac^4\end{matrix} \infty 0$$

があるとすれば,最後の項は $a$, $aa+cc$, $a^3+acc$ その他これに類するもので分数とならずに割り切れる.しかし,考える必要のあるものはふたつしかない.すなわち,$aa$ と $aa+cc$ である.なぜならば,他の2項式は,最後から2番目の項の既知量中にある以上または以下の次元を商中に与えることになり,除法がおこなわれるのをさまたげるであろう.なお注意してほしいが,ここでは計全体のなかに $y^5$ も $y^3$ も $y$ もないから,$y^6$ の次元を単に3と数えるのである.ところで,2項式 $yy-aa-cc \infty 0$ を調べると,それによる除法は次のようにおこなわれることがわかる.

$$\begin{array}{c} y^6 \begin{matrix}+\ aa\\-2cc\end{matrix} \quad y^4 \begin{matrix}-\ a^4\\+\ c^4\end{matrix} \quad yy \begin{matrix}-\ a^6\\-2a^4cc\\-\ aac^4\end{matrix} \ \infty 0 \\ \underline{-y^6 - 2aa \qquad -\ a^4 \qquad \overline{-aa-cc}} \\ 0 + cc \quad\ \ -aacc \\ \underline{-aa-cc \quad -aa-cc} \\ +y^4 \quad \begin{matrix}+2aa\\-\ cc\end{matrix} yy \begin{matrix}+\ a^4\\+aacc\end{matrix} \quad \infty 0 \end{array}$$

これは求める根が $aa+cc$ であることを示している.また,その証明は乗法によって容易にできることである.

[方程式が立方的である場合，どのような問題が立体的か]

しかし，提出された方程式の計全体をこのように割り切る2項式を見いだしえないとき，それに依存する問題は確かに立体的なのである．それでもなお円と直線しか使わないで問題を作図しようと努めるのは，円しか必要としない問題を作図するために円錐曲線を使うのに劣らぬ誤りである．なぜならば，要するに何らかの無知を示すものはすべて誤りと呼ばれるからである．

[問題が平面的である場合における，4次元をもつ方程式の単純化．また，立体的な問題はどのようなものか]

未知量が4次元をもつ方程式の場合は[18]，そこに根数や分数があるならば，それを除いておいて，前と同じ方法で，最後の項を分数とせずに割り切る量のひとつで作った2項式で，計全体を割るものがあるかどうかを見なければならない．そのようなものがひとつ見つかるならば，その2項式の既知量が求める根であるか，あるいは少なくとも，それによる除法のあと方程式には3次元しか残らないから，これをふたたび前のようにして調べねばならない．しかし，このような2項式が見つからないときは，さきほど説明した方法で，根の値を増すか減らすかして計の第2項を除き，そのうえで，この方程式を3次元しか含まない他の方程式に変えねばならない．これは次のようにしておこなわれる．

$+x^4 * . pxx . qx . r \infty 0$ のかわりに,

$+y^6 . 2py^4 \begin{smallmatrix}+pp\\.4r\end{smallmatrix} yy - qq \infty 0$ と書かねばならない[19].

私が省略した $+$ または $-$ の符号については，前の方程式に $+p$ があったのであれば後者には $+2p$ を入れ，$-p$ があったのであれば $-2p$ を入れねばならず，逆に，$+r$ があったのであれば $-4r$ を入れ，$-r$ があったのであれば $+4r$ を入れねばならない．しかし，$+q$ があったにせよ，$-q$ があったにせよ，常に $-qq$ と $+pp$ を入れねばならない．ただし，これは $x^4$ と $y^6$ が符号 $+$ を帯びていると仮定したときのことで，もしここに符号 $-$ を仮定すれば，全部が逆になるのである．

たとえば，

$$+x^4 * -4xx - 8x + 35 \infty 0$$

があるならば，そのかわりに

$$y^6 - 8y^4 - 124yy - 64 \infty 0$$

と書かねばならない．なぜならば，私が $p$ と名づけた量は $-4$ であるから，$2py^4$ として $-8y^4$ を入れねばならず，私が $r$ と名づけた量は 35 であるから，$\begin{smallmatrix}+pp\\-4r\end{smallmatrix} yy$ のところに $\begin{smallmatrix}+16\\-140\end{smallmatrix} yy$，すなわち $-124yy$ を入れねばならず，最後に $q$ は $8$[20] であるから，$-qq$ として $-64$ を入れねばならないのである．

同様に，

$+x^4*-17xx-20x-6\infty 0$ のかわりには

$+y^6-34y^4+313yy-400\infty 0$ と書かねばならない．なぜならば，34 は 17 の倍であり，313 はその平方に 6 の 4 倍を加えたものであり，400 は 20 の平方だからである．

同様にまた，

$$+z^4*\begin{matrix}+\frac{1}{2}aa\\-cc\end{matrix}zz\begin{matrix}-a^3\\-acc\end{matrix}z\begin{matrix}+\frac{5}{16}a^4\\-\frac{1}{4}aacc\end{matrix}\infty 0$$ のかわりに

$$y^6\begin{matrix}+aa\\-2cc\end{matrix}y^4\begin{matrix}-a^4\\+c^4\end{matrix}yy-2a^4cc\begin{matrix}-a^6\\-aac^4\end{matrix}\infty 0$$

と書かねばならない．なぜならば，$p$ は $+\frac{1}{2}aa-cc$ であり，$pp$ は $\frac{1}{4}a^4-aacc+c^4$ であり，$4r$ は $-\frac{5}{4}a^4+aaac$ であり，最後に $-qq$ は $-a^6-2a^4cc-aac^4$ だからである．

方程式がこのようにして 3 次元に還元されたあとは，すでに説明した方法によって $yy$ の値を求めねばならない．この値が見いだされえないならば，先へ進む必要はない．問題は立体的であることがそこから必然的に出てくるからである．しかし，もし $yy$ の値が見つかるならば，それを用いて，前の方程式を未知数が 2 次元しかもたないふたつの方程式に分解することができ，その根はもとの方程式の根と同じであろう．すなわち，

$$+x^4*.pxx.qx.r\infty 0$$

のかわりに，ふたつの新しい方程式

$$+xx-yx+\frac{1}{2}yy\cdot\frac{1}{2}p\cdot\frac{q}{2y}\infty 0,$$

$$+xx+yx+\frac{1}{2}yy\cdot\frac{1}{2}p\cdot\frac{q}{2y}\infty 0$$

を書かねばならない．そして，私が省略した＋および－の符号については，もし前の方程式に $+p$ があれば，この各々のうちに $+\frac{1}{2}p$ を入れねばならず，$-p$ があれば $-\frac{1}{2}p$ を入れねばならない．しかし，第1の方程式に $+q$ があるとき，$-yx$ のあるものには $+\frac{q}{2y}$ を入れ，$+yx$ のあるものには $-\frac{q}{2y}$ を入れねばならない．逆に $-q$ があれば，$-yx$ のあるものに $-\frac{q}{2y}$ を入れ，$+yx$ のあるものに $+\frac{q}{2y}$ を入れねばならない．ここまで来れば，提出された方程式のすべての根を知ることは容易であり，したがってまた，この方程式のうちに解が含まれる問題を円と直線しか使わないで作図することも容易である．

たとえば，

$$x^4 *-17xx-20x-6\infty 0 \text{ のかわりに}$$
$$y^6-34y^4+313yy-400\infty 0$$

とすれば，$yy$ は 16 であることが見いだされるから，もとの方程式

$$+x^4 *-17xx-20x-6\infty 0$$

のかわりに，ふたつの新しい方程式

$$+xx-4x-3 \infty 0,$$
$$+xx+4x+2 \infty 0$$

を書かねばならない．なぜならば，ここでは $y$ は 4, $\frac{1}{2}yy$ は 8, $p$ は 17, $q$ は 20 であって，

$$+\frac{1}{2}yy-\frac{1}{2}p-\frac{q}{2y} \text{ は } -3, \quad +\frac{1}{2}yy-\frac{1}{2}p+\frac{q}{2y} \text{ は } +2$$

となるからである．

これらふたつの方程式の根を出せば，$x^4$ のある方程式から根を出した場合と同じものがすべて見いだされる．すなわち，$\sqrt{7}+2$ という 1 個の真根と，$\sqrt{7}-2$, $2+\sqrt{2}$, $2-\sqrt{2}$ という 3 個の偽根が見いだされるのである．

$$x^4 * -4xx-8x+35 \infty 0 \text{[21]}$$

の場合ならば，

$$y^6-8y^4-124yy-64 \infty 0$$

の根はやはり 16 であるから，

$$xx-4x+5 \infty 0,$$
$$xx+4x+7 \infty 0$$

と書かねばならない．なぜならば，ここでは，

$$+\frac{1}{2}yy-\frac{1}{2}p-\frac{q}{2y} \text{ は } 5,$$
$$+\frac{1}{2}yy-\frac{1}{2}p+\frac{q}{2y} \text{ は } 7$$

となるからである．そして，最後のふたつの方程式にはどのような真根も偽根も見いだされないから，もとの方程式の4根は虚であって，この方程式によって解こうとした問題は，本性上は平面的であるけれども，与えられた量がたがいに結びつきえないところから，どのようにしても作図しえないであろうことが知られるのである．

同様に，

$$z^{4*} + \left.\begin{matrix}\frac{1}{2}aa \\ - \quad cc\end{matrix}\right\}zz \left.\begin{matrix}-a^3 \\ -acc\end{matrix}\right\}z \begin{matrix}+\frac{5}{16}a^4 \\ -\frac{1}{4}aacc\end{matrix} \infty 0^{22)}$$

の場合は，$yy$ として $aa+cc$ が見いだされるから，

$$zz - \sqrt{aa+cc}\, z + \frac{3}{4}aa - \frac{1}{2}a\sqrt{aa+cc} \infty 0,$$

$$zz + \sqrt{aa+cc}\, z + \frac{3}{4}aa + \frac{1}{2}a\sqrt{aa+cc} \infty 0$$

と書かねばならない．なぜならば，$y$ は $\sqrt{aa+cc}$，$+\frac{1}{2}yy + \frac{1}{2}p$ は $\frac{3}{4}aa$，$\frac{q}{2y}$ は $\frac{1}{2}a\sqrt{aa+cc}$ だからである．ここから，$z$ の値は

$$\frac{1}{2}\sqrt{aa+cc} + \sqrt{-\frac{1}{2}aa + \frac{1}{4}cc + \frac{1}{2}a\sqrt{aa+cc}},$$

あるいは

$$\frac{1}{2}\sqrt{aa+cc} - \sqrt{-\frac{1}{2}aa + \frac{1}{4}cc + \frac{1}{2}a\sqrt{aa+cc}}$$

であることが知られる．そして，上には $z + \frac{1}{2}a \infty x$ としたのであるから[23)]，これらすべての演算によって知ろうと

したもとの量 $x$ は
$$+\frac{1}{2}a+\sqrt{\frac{1}{4}aa+\frac{1}{4}cc}-\sqrt{\frac{1}{4}cc-\frac{1}{2}aa+\frac{1}{2}a\sqrt{aa+cc}}$$
であることがわかるのである[24].

[これらの単純化の用例]

しかし，この規則の有益さをよりよく知ってもらうためには，それを何らかの問題に適用してみなければならない．

正方形 AD と線 BN〔第23図〕が与えられたとき，辺 AC を E まで延長して，E から B の方へひいた EF が NB に等しくなるようにしなければならぬとする．パップスが教えるように[25]，まず BD を G まで延長して，DG が DN に等しくなるようにし，BG を直径とする円を描き，直線 AC を延長すれば，これは円周と点 E で交わるであろう．これが求める点である．しかしこの作図法は，それを知らぬ人にとってはなかなか思いつきにくいものであろうし，

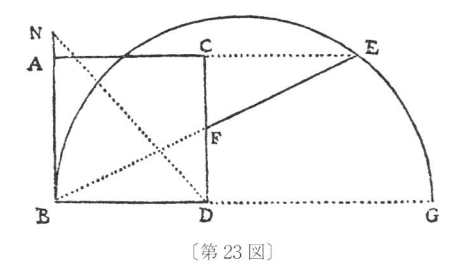

〔第23図〕

上に提出された方法に従って作図を求めるとしても，DG を未知量としてとることはけっして思いつかず，むしろ CF か FD を未知量に選ぶであろう．最も容易に方程式に導くのはこれらの量だからである．そして彼らは，私が説明した規則なしには容易に解けないひとつの方程式を見いだすであろう．なぜならば，BD または CD を $a$，EF を $c$，DF を $x$ とおけば，CF $\infty\, a-x$ であり，CF または $a-x$ 対 FE または $c$ は FD または $x$ 対 BF であるから，BF は $\dfrac{cx}{a-x}$ となる．次に1辺が $x$，他の辺が $a$ である直角三角形 BDF の性質から，両辺の平方 $xx+aa$ は底の平方 $\dfrac{ccxx}{xx-2ax+aa}$ に等しいから，全体に $xx-2ax+aa$ を掛けて，方程式は

$$x^4-2ax^3+2aaxx-2a^3x+a^4 \infty\, ccxx,$$

あるいは

$$x^4-2ax^3 {+2aa \atop -cc} xx-2a^3x+a^4 \infty\, 0$$

であることがわかる．そして，前述の規則によって，その根，すなわち線 DF の長さは

$$\frac{1}{2}a+\sqrt{\frac{1}{4}aa+\frac{1}{4}cc}-\sqrt{\frac{1}{4}cc-\frac{1}{2}aa+\frac{1}{2}a\sqrt{aa+cc}}$$

であることが知られる[26]．

BF か CE か BE を未知量にとるとしても，やはり4次元を含む方程式に達するであろうが，この方が整理しやすく，実際この目的は至って容易に達せられるであろう．と

ころが，DG を未知量として仮定すると，方程式に達することははるかにむずかしいが，そのかわり方程式はきわめて単純であろう．このことをここに述べたのは，提出された問題が立体的でないとき，或る手段でこれを解こうとしてきわめて複雑な方程式に達したとしても，他の道を探すことによって普通はより単純な方程式に達しうる，ということを読者に示すためである．

[平方の平方を越える方程式を単純化するための一般的規則]

立方または平方の平方にのぼる方程式を整理するための様々な規則をなおつけ加えることもできるのであるが，その必要もあるまい．問題が平面的であるときは，常に前述の規則によってその作図を見いだすことができるからである．

超立体または立方の平方，またはそれ以上にのぼる方程式のための他の規則をつけ加えることもできるが，それらすべてをひとつにまとめ，一般的に次のように言う方がよいと思う．これらの方程式を，次元の低い他の 2 個の方程式の相乗によって生ずる同次元の方程式と同じ形に還元するように努め，可能なかぎりの相乗の仕方を枚挙したにもかかわらず，どうしても成功しなかったときは，提出された方程式はより単純なものに還元されえないと確信すべきである．この場合，未知量が 3 次元か 4 次元をもつならば，この方程式によって解こうとする問題は立体的である．5 次元か 6 次元をもつならば，問題はさらに 1 段階だけ複雑であり，以下同様である．

そのうえ, 私が述べたことの大部分について証明を省略したのは, それがきわめて容易であり, 私が誤ったかどうかを読者が方法正しく点検する努力さえ惜しまなければ, 証明はおのずから読者の前にあらわれるであろうと思われたからである. 証明を読みながら学ぶより, こうして学ぶ方がより有益なはずである.

[3 ないし 4 次元をもつ方程式に還元された, あらゆる立体的な問題を作図するための一般的方法]

ところで, 提出された問題が立体的であることを確信したときは, 問題を解くための方程式が平方の平方までのぼるにせよ, 立方までしかのぼらないにせよ, その根は常に3種の円錐曲線のひとつ, ——どの種類でもよい——さらにはそれの何らかの部分——どのように小さな部分でもよい——を用いて見いだすことができるのであり, ほかには直線と円しか必要としないのである. しかしここでは, これらすべてを放物線を用いて見いだすための一般的方法を述べるにとどめよう. この曲線が或る意味で最も単純だからである.

第 1 に, 提出された方程式の第 2 項がゼロでなければ, これを除き, 未知量が 3 次元しかもたなければ, 方程式を

$$z^3 \infty *. apz . aaq$$

のような形, 4 次元をもつならば,

$$z^4 \infty *. apzz . aaqz . a^3 r$$

のような形に変えねばならない．あるいは $a$ を単位にとって，

$$z^3 \infty *.pz.q,$$
$$z^4 \infty *.pzz.qz.r.$$

こうしたうえで[27]，放物線 FAG〔第 24, 25 図〕がすでに描かれていると仮定し，その軸は ACDKL，その通径は $a$ すなわち 1，AC はその半分，そして点 C はこの放物線の内部にあり，A がその頂点であるとする．$CD \infty \frac{1}{2}p$ とし，もし方程式中に $+p$ とあるならば，これを点 C に関して点 A と同じ側にとらねばならない．しかし，もし $-p$ とあるならば，これと反対側にとるのである．点 D から，あるいは，量 $p$ が 0 ならば点 C から，直角に線を E まで立て，それが $\frac{1}{2}q$ に等しいようにせねばならない．最後に，もし方程式が単に立方的で，量 $r$ がゼロであれば，E を中心とし AE を半径とする円 FG を描かねばならない．しかし $+r$ があるときは，この線 AE を延長して，一方に $r$ に等しい AR をとり，他方に放物線の通径すなわち 1 に等しい AS をとらねばならない．そして RS を直径とする円を描き，AH を AE に垂直に立てねばならない．AH がこの円 RHS と点 H で交わるとすれば，この H は他の円 FHG が通るべき点である．また $-r$ とあるときは，こうして線 AH を見いだしたあとで，それに等しい AI〔第 26 図〕を AE を直径とする他の円に内接させる．求める最初の円 FIG はこの点 I を通るべきなのである．ところで，この円

〔第 24 図〕

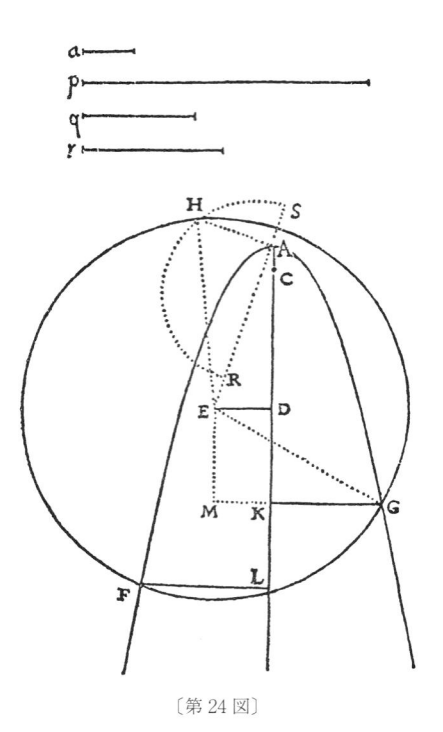

FG は放物線を 1 点か 2 点か 3 点か 4 点で切り，あるいはこれに接しうる．これらの点から軸に垂線をおろせば，真根も偽根も含めてすべての根が得られる．すなわち，もし量 $q$ が符号 + を帯びているならば，真根はこれらの垂線のうち円の中心 E と同じ側にあるもの，たとえば FL であ

〔第 25 図〕

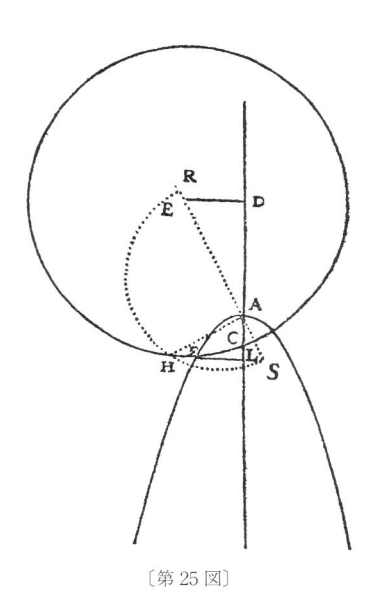

り,他の側にあるもの,たとえば GK は偽根であろう.しかし反対に,この量 $q$ が符号 $-$ を帯びているならば,反対側にあるのが真根であり,円の中心 E と同じ側にあるのが偽根,すなわちゼロより小さな根であろう.最後に,この円が放物線をどの点においても切りもせず接しもしないならば,方程式には真根も偽根もなく,すべての根が虚であることが示されたのである.こうして,この規則は望みうるかぎり最も一般的であり,最も完全なものである.

〔第26図〕

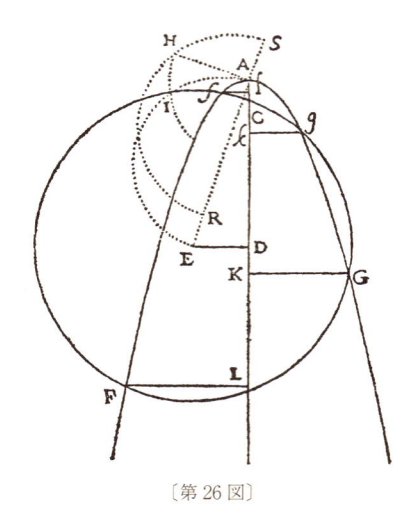

　以上のことの証明は極めて容易である．なぜならば，この作図によって見いだされた線 GK を $z$ と名づけるならば，GK が AK と通径すなわち 1 の間の比例中項でなければならないという放物線の性質から，AK は $zz$ であろう．次に，AK から $\frac{1}{2}$ である AC と $\frac{1}{2}p$ である CD とを除けば，DK または EM が $zz-\frac{1}{2}p-\frac{1}{2}$ となって残り，その平方は

$$z^4-pzz-zz+\frac{1}{4}pp+\frac{1}{2}p+\frac{1}{4}$$

となる.そして,DE または KM は $\frac{1}{2}q$ であるから,全体 GM は $z+\frac{1}{2}q$ であり,その平方は

$$zz+qz+\frac{1}{4}qq$$

である.これらふたつの平方をあわせ,直角三角形 EMG の底である線 GE の平方として,

$$z^4-pzz+qz+\frac{1}{4}qq+\frac{1}{4}pp+\frac{1}{2}p+\frac{1}{4}$$

を得る.

しかし,同じ線 GE は円 FG の半径であるから,他の項によっても説明される.すなわち,

$$ED は \frac{1}{2}q, \quad AD は \frac{1}{2}p+\frac{1}{2}$$

であり,角 ADE は直角であるから,

$$EA は \sqrt{\frac{1}{4}qq+\frac{1}{4}pp+\frac{1}{2}p+\frac{1}{4}}$$

である.次に,HA は AS すなわち 1 と AR すなわち $r$ の間の比例中項であるから,$\sqrt{r}$ である.そして角 EAH は直角であるから,HE または EG の平方は

$$\frac{1}{4}qq+\frac{1}{4}pp+\frac{1}{2}p+\frac{1}{4}+r.$$

そこで,この計と前の計との間に相等性が成りたち,まさに

$$z^4 \infty *pzz-qz+r$$

が得られる．したがって，見いだされた線 GK——$z$ と名づけられたもの——はこの方程式の根である．証明終わり．＋と－の符号を必要に応じて変えながら，同じ計算をこの規則の他のすべての場合にあてはめれば，読者は同様に成功されるであろう．私が言葉を費やすまでもないことである．

[2個の比例中項を見いだすこと]

この規則によって線 $a$ と $q$ の間に2個の比例中項を見いだそうとするならば，誰しも知るとおり，一方を $z$ とおいて，$a$ 対 $z$ は $z$ 対 $\frac{zz}{a}$，また $\frac{zz}{a}$ 対 $\frac{z^3}{aa}$．そこで，$q$ と $\frac{z^3}{aa}$ の間に相等性が成りたち，

$$z^3 \infty **aaq.$$

そこで，軸の部分 AC〔第27図〕を通径の半分 $\frac{1}{2}a$ として，放物線 FAG を描き，点 C から $\frac{1}{2}q$ に等しい垂線 CE を立て，E を中心として A を通る円 AF を描けば，FL と LA が求める2個の中項として見いだされる．

[角を3分する方法]

同様に，角 NOP〔第28図〕，あるいは，弧すなわち円の部分 NQTP を3等分しようとするならば[28]，円の半径として NO∞1，与えられた弧を張る弦として NP∞$q$，この弧の3分の1を張る弦として NQ∞$z$ とすれば，方程式

$$z^3 \infty *3z-q$$

が得られる．なぜならば，線 NQ, OQ, OT をひき，QS を

〔第27図〕

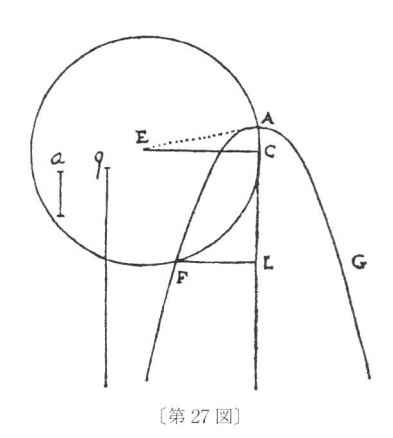

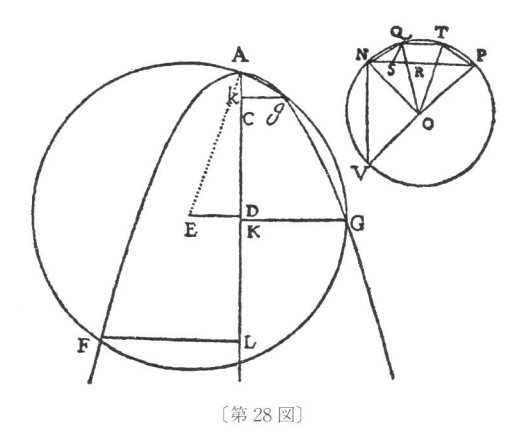

〔第28図〕

TO に平行にひけば，明らかに，NO 対 NQ は NQ 対 QR，また QR 対 RS であって，NO は 1，NQ は $z$ であるから，QR は $zz$，RS は $z^3$ である．そして，線 NP すなわち $q$ が NQ すなわち $z$ の 3 倍となるためには RS すなわち $z^3$ だけ足らないだけであるから，

$$q \infty 3z - z^3, \text{ あるいは } z^3 \infty *3z - q.$$

そこで放物線 FAG を描き，CA をその主通径の半分 $\frac{1}{2}$ とし，CD $\infty \frac{3}{2}$，また垂線 DE $\infty \frac{1}{2} q$ にとり，E を中心として A を通る円 FA$g$G を描けば，この円は放物線を，その頂点である A においては無論として，ほかに 3 点 F, $g$, G において切る．このことはこの方程式には 3 個の根，すなわち真である 2 根 GK, $gk$ と，第 3 の偽根，すなわち FL があることを示している．求める線 NQ としてとりあげなければならないのは，これらの 2 個のうちの小さい方 $gk$ である．なぜならば，他方の GK は，弧 NQP とともに円を完成する弧 NVP の 3 分の 1 を張る弦 NV に等しいからである．そして偽根 FL は，計算によって容易にわかるとおり，これらの QN と NV を合わせたものに等しい[29]．

[すべての立体的な問題は，これらふたつの作図に還元されうるということ]

これ以上の例をあげるには及ぶまい．なぜならば，立体的であるにすぎない問題はすべて，2 個の比例中項を見いだすとか角を 3 等分するとかに役立つことを除けば[30]，作図のためのこの規則を必要としない程度まで単純化されう

るからである．このことは，次の諸点を考えれば読者にもわかってもらえるであろう．これらの問題の難点は常に平方の平方か立方までしかのぼらない方程式中に包含させうること，また，平方の平方にのぼるすべての方程式は，立方までしかのぼらない他の方程式を使って平方に還元されうること[31]．最後に，立方までしかのぼらないこの方程式から第2項を除きうることである[32]．そこで，この種の方程式で次の三つの形のいずれかに還元されないものはない．

$$z^3 \infty * - pz + q.$$
$$z^3 \infty * + pz + q.$$
$$z^3 \infty * + pz - q.$$

ところで，$z^3 \infty * - pz + q$ の場合は，カルダノがその発見をスキピオ・フェレウスと称する人物に帰している規則によれば，根は

$$\sqrt{C. + \frac{1}{2}q + \sqrt{\frac{1}{4}qq + \frac{1}{27}p^3}} - \sqrt{C. - \frac{1}{2}q + \sqrt{\frac{1}{4}qq + \frac{1}{27}p^3}}$$

である．$z^3 \infty * + pz + q$ の場合も同様で，最後の項の半分の平方がその前の項の既知量の3分の1の立方より大であれば，同様の規則により，根は

$$\sqrt{C. + \frac{1}{2}q + \sqrt{\frac{1}{4}qq - \frac{1}{27}p^3}} + \sqrt{C. + \frac{1}{2}q - \sqrt{\frac{1}{4}qq - \frac{1}{27}p^3}}$$

である[33]．

そこで，困難がこれらふたつの形のいずれかに還元されるような問題はすべて作図しうることがわかる．円錐曲線の必要があるのは，ただ或る与えられた量の立方根を出す

ため，すなわち，その量と単位との間に2個の比例中項を見いだすためだけである．

次に，$z^3 \infty * + pz + q$ であって，最後の項の半分の平方がその前の項の既知量の3分の1の立方より大でない場合は，円 NQPV の半径 NO が $\sqrt{\dfrac{1}{3}p}$，すなわち与えられた量 $p$ の3分の1と単位との間の比例中項であると仮定し，また，この円に内接する線 NP が $\dfrac{3q}{p}$，すなわち，他の与えられた量 $q$ に対して単位が $p$ の3分の1に対する比にあると仮定して，ふたつの弧 NQP, NVP の各々を3等分するだけでよい．一方の3分の1を張る弦 NQ と，他の3分の1を張る弦 NV を得て，両者を合わせれば，求める根ができるであろう[34]．

最後に $z^3 \infty * pz - q$ の場合は，ふたたび円 NQPV の半径 NO が $\sqrt{\dfrac{1}{3}p}$，内接する NP が $\dfrac{3q}{p}$ と仮定すれば，弧 NQP の3分の1を張る NQ が求める根のひとつであり，他の弧の3分の1を張る NV が他の根であろう．少なくとも，最後の項の半分の平方がその前の項の既知量の3分の1より大でない場合はそうである．もしこれより大であれば，線 NP は円の直径より大となって，この円に内接されえないであろう．そのため，この方程式の2個の真根は単に虚となり，実根としては偽根だけしかなく，これは，カルダノの規則に従って，

$$\sqrt{\text{C.}\ \dfrac{1}{2}q + \sqrt{\dfrac{1}{4}qq - \dfrac{1}{27}p^3}} + \sqrt{\text{C.}\ \dfrac{1}{2}q - \sqrt{\dfrac{1}{4}qq - \dfrac{1}{27}p^3}}$$

[立方方程式，さらに平方の平方までしかのぼらないすべての方程式のすべての根の値をあらわす方法]

そのうえ次のことにも注意すべきである．根の値をあらわすのに，体積しか知られていない或る立方体の辺との関係を用いるこの方法は，与えられた量の3分の1である弧すなわち円の部分を張る弦との関係を用いる方法以上に，理解しやすいわけでも簡単なわけでもない．だから，カルダノの規則によってあらわしうる立方方程式のすべての根は，私が提案した方法によっても同様に，いやむしろより明瞭にあらわしうるのである．

なぜならば，たとえば，方程式

$$z^3 \infty * + pz + q$$

の根は2本の線から作られていて，一方は，$\frac{1}{2}q$ に面積が $\frac{1}{4}qq - \frac{1}{27}p^3$ である正方形の辺を加えたものを体積とする立方体の辺である．また他方は，$\frac{1}{2}q$ と面積が $\frac{1}{4}qq - \frac{1}{27}p^3$ である正方形の辺との差を体積とする立方体の辺である．カルダノの規則によって教えられることはこれに尽きるのであって，このことを知っているから方程式の根を知っていると人が考えたとすれば，

$$z^3 \infty * + pz - q$$

の根を半径が $\sqrt{\frac{1}{3}p}$ の円に内接するものと見，根はその3

倍が弦として $\frac{3q}{p}$ をもつような弧を張る弦であることを知る人は，前の人と同様に，いやより明瞭にこの方程式の根を知っていることは疑いを容れない．あとの用語の方がよほど煩雑さが少なくさえあり，立方体の辺をあらわすのに記号 $\sqrt{C.}$ を使うように，これらの弦をあらわすのに何か特別の記号を用いることにすれば，用語はさらに短くなるであろう．

このことを受けて，平方の平方までのぼるすべての方程式の根を，上に説明した規則によって表現することもできる．だから私は，この主題に関してこれ以上望むべきことを知らない．というのも，これらの根をより簡単な用語であらわし，より一般的でもあればより容易でもある作図によって決定することができないのは，要するに，これらの根の性質自体によるからである．

[立体的な問題が円錐曲線なしには作図されえず，また，より複雑な問題がより複雑な他の線なしには作図されえないのはなぜか]

いかにも，或ることが可能であるかないかについてあえてこのように主張するとき，自分がどのような根拠に立っているか，私はまだ説明していない．しかし，幾何学者の考察を受けるすべてのものが，私の使う方法によって，どのようにただ一種類の問題，すなわち，何らかの方程式の根の値を求めることに帰着するかを注意ぶかく見てくれる人は，これらの問題の解を見いだすためのすべての途を枚挙し，最も一般的で最も簡単な途をとったと確信するに至

るのも難事ではないと判断してくれるであろう．特に，円より複雑な何らかの線を用いずには作図されえないと私が言った立体的な問題については，これはすべてふたつの作図に帰着するという事実によって，上記のことは十分にわかってもらえるはずである．一方の作図においては，与えられた2線の間に2個の比例中項を決定する2点を同時に得なければならず，他方においては，与えられた弧を3等分する2点を得なければならないわけである．なぜならば，円の彎曲はそのすべての部分が中心をなす点にたいしてもつ単純な関係にのみ依存するから，2個の端点の間のただ1点を決定することにしか使いえない．たとえば，与えられた2直線の間に1個の比例中項を見いだすとか，与えられた弧を2等分するたぐいである．これに反し，円錐曲線の彎曲は常にふたつの異なった事柄に依存するから，異なった2点を決定するのにも役立ちうるのである．

しかし，同じ理由によって，立体的な問題より1段階だけ複雑で，4個の比例中項の発見や角の5等分を前提する問題は，どの円錐曲線によっても作図することができない．それゆえ，放物線と直線との交わりによって前に説明した仕方で描かれる曲線を使ってこれらの問題を作図する一般的規則を示すならば，私はなされうる最上のことをしたことになると思うのである．というのも，これより単純な線で同じ目的に役立ちうるものは自然のなかに存在しないと私はあえて主張するからである．古代人があれほど探し求めた〔パップスの〕問題——それにたいする解によっ

て幾何学に受けいれられるべきすべての曲線が順序正しく定まってくるあの問題において、この線がどのようにして円錐曲線の直後にあらわれるかは、読者のすでに見たところである[36]。

[6次元以上をもたない方程式に還元されたすべての問題を作図する一般的方法]

これらの問題の作図に要求される量を求めるとき、どうすれば問題を立方の平方ないし超立体までしかのぼらない方程式に常に還元しうるかは、読者のすでに知るところである[37]。また、この方程式の根の値をどのように増して、すべてを真根とし、そのうえ第3項の既知量が第2項の既知量の半分の平方より大きくなるようにしうるかも、読者は知っている[38]。最後に、方程式が超立体までしかのぼらないならば、どのようにしてこれを立方の平方にまで高め、かつ、どの項の場所も満たされぬところがないようにしうるかも、読者は知っている[39]。さて、ここに問題となるすべての困難を同一の規則によって解きうるように、これらすべての操作がすでに実行され、それによって困難が常に次のような形をもつ方程式に還元されたと考える。

$$y^6 - py^5 + qy^4 - ry^3 + syy - ty + v \infty 0$$

ここに$q$と名づけられた量は$p$と名づけられた量の半分の平方より大きいものとする。両方に際限なく延びた線BK〔第29図〕を作って[40]、点Bから垂線ABをたて、その長さを$\frac{1}{2}p$とする。別の平面上に、CDFのような、

$\sqrt{\dfrac{t}{\sqrt{v}}+q-\dfrac{1}{4}pp}$ を主通径とする放物線を描かねばならない．簡単のため，この通径を $n$ と名づけよう．それから，この放物線が乗っている平面を，線 AB, BK が乗っている平面に重ね，その軸 DE がちょうど直線 BK の上に来るようにせねばならない．点 E と D の間にあるこの軸の部

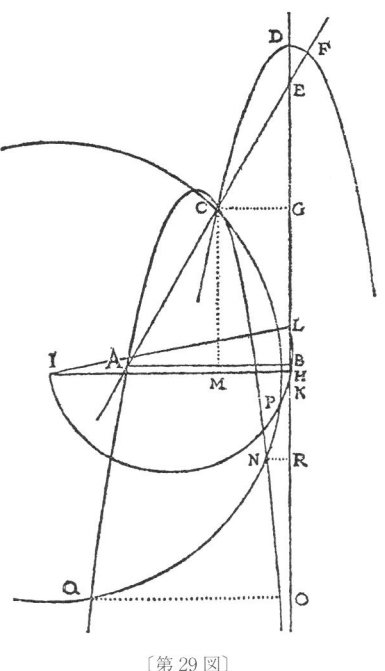

〔第 29 図〕

分を $\dfrac{2\sqrt{v}}{pn}$ に等しくとり，この点 E と下の平面の点 A とに長い定木をあてて，放物線の軸が線 BK に重なったまま上下する間，定木は常にこれら 2 点に着いているようにせねばならない．こうすることによって，点 C にできる放物線と定木との交点は曲線 ACN を描くであろう．これが提出された問題の作図のためにわれわれの必要とする線である．なぜならば，この線がこうして描かれたあと，線 BK 上に，放物線の頂点があるのと同じ側に点 L をとり，BL を DE すなわち $\dfrac{2\sqrt{v}}{pn}$ に等しくし，点 L から B に向かって，同じ線 BK 上に，$\dfrac{t}{2n\sqrt{v}}$ に等しい線 LH をとり，こうして見いだされた点 H から，曲線 ACN のある側に，線 HI を直角にひき，その長さを $\dfrac{r}{2nn}+\dfrac{\sqrt{v}}{nn}+\dfrac{pt}{4nn\sqrt{v}}$ にとる．簡単のため，この長さを $\dfrac{m}{nn}$ と名づけよう．続いて，点 L と I を結んで，IL を直径とする円 LPI を描き，この円に長さ $\sqrt{\dfrac{s+p\sqrt{v}}{nn}}$ の線 LP を内接させる．最後に，I を中心とし，こうして見いだされた点 P を通る円 PCN を描く．この円は，方程式中の根と同数の点で，曲線 ACN を切るか，これに接するであろう．そこで，これらの点から線 BK に，CG, NR, QO その他のように垂線をひけば，それが求める根であって，この規則には何らの例外も不備もない．なぜならば，もし量 $s$ が，他の $p, q, r, t, v$ に比べて大きすぎるために線 LP が円 IL の直径より大きくなって，この円に内接させえないとすれば，提出された方程式には虚

根しかないであろう．円 IP が小さすぎて曲線 ACN をどの点でも切らない場合も同様である．方程式には 6 個の異なった根がありうるのと同様に，この円は ACN を 6 個の異なった点で切りうる．しかし，より少ない点で切るときは，これらの根のうちのいくつかが相等しいか，単に虚であることが示されているのである．

　放物線の運動によって線 ACN を描く方法をもし読者がめんどうと感ずるならば，これを描く他のいくつかの方法を見いだすことも容易である．たとえば，AB, BL の量は前と同じであり，また BK の量は放物線の主通径とおいたものと同じであるとして，線 BK 上に任意に中心をとって半円 KST〔第 30 図〕を描き，線 AB をどこか，たとえば点 S で切る．そして半円が終わる点 T から K の方に，BL に等しい線 TV をとる．次に線 SV をひいたうえで，点 A を通って，AC のように，SV に平行な線をひく．また S を通って，SC のように，BK に平行な別の線をひく．これらふたつの平行線が交わる点 C は求める曲線の点のひとつであろう．同じようにして，欲するだけ多くの点を見いだすことができる．

　ところで，以上すべてのことの証明は至って容易である．なぜならば，定木 AE と放物線 FD を点 C にあてがうと――それらが同時にそこにあてがえられることは確かである，この点 C はそれらの交わりによって描かれた曲線 ACN 上にあるのだから――CG を $y$ と名づけると，通径 $n$ 対 CG は CG 対 GD であるから，GD $\infty \dfrac{yy}{n}$ となるであろ

〔第30図〕

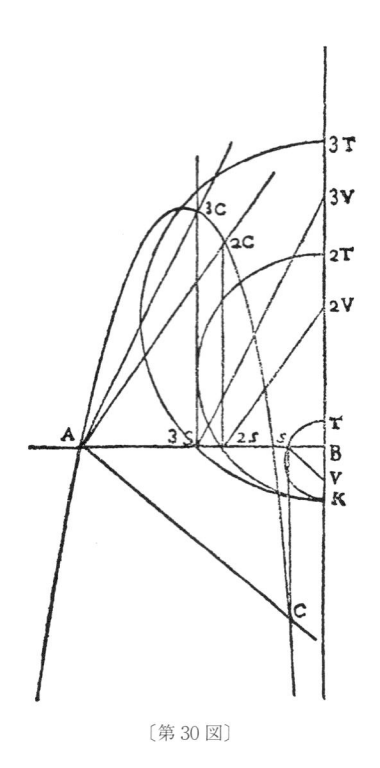

う．GD から $\frac{2\sqrt{v}}{pn}$ である DE を除き，GE として $\frac{yy}{n} - \frac{2\sqrt{v}}{pn}$ を得る．次に，AB 対 BE は CG 対 GE であり，AB

は $\frac{1}{2}p$ であるから，BE は $\frac{py}{2n}-\frac{\sqrt{v}}{ny}$ である．

同様に，曲線の点 C は，BK に平行な直線 SC と，SV に平行な AC との交わりによって見いだされたと仮定すれば，CG に等しい SB は $y$ であり，他方，BK は $n$ と名づけた放物線の通径に等しいから，BT は $\frac{yy}{n}$ である．なぜならば，KB 対 BS は BS 対 BT だからである．そして，TV は BL，すなわち $\frac{2\sqrt{v}}{pn}$ と同じであるから，BV は $\frac{yy}{n}-\frac{2\sqrt{v}}{pn}$ である．そして，SB 対 BV は AB 対 BE であるから[41]，BE は前と同様に $\frac{py}{2n}-\frac{\sqrt{v}}{ny}$ となる．そこで，これらふたつの方法で同じ曲線が描かれたことがわかる．

そのうえ，BL と DE は等しいから，DL と BE も等しい．そこで，LH すなわち $\frac{t}{2n\sqrt{v}}$ を DL すなわち $\frac{py}{2n}-\frac{\sqrt{v}}{ny}$ に加えて，全体 DH は

$$\frac{py}{2n}-\frac{\sqrt{v}}{ny}+\frac{t}{2n\sqrt{v}}.$$

これから GD すなわち $\frac{yy}{n}$ を除いて，GH は

$$\frac{py}{2n}-\frac{\sqrt{v}}{ny}+\frac{t}{2n\sqrt{v}}-\frac{yy}{n}.$$

これを私は順序正しく

$$\mathrm{GH}\infty\frac{-y^3+\frac{1}{2}pyy+\frac{ty}{2\sqrt{v}}-\sqrt{v}}{ny}$$

と書く．

GH の平方は

$$\frac{y^6 - py^5 \left.\begin{matrix} -\dfrac{t}{\sqrt{v}} \\ +\dfrac{1}{4}pp \end{matrix}\right\} y^4 \left.\begin{matrix} +2\sqrt{v} \\ +\dfrac{pt}{2\sqrt{v}} \end{matrix}\right\} y^3 \left.\begin{matrix} -p\sqrt{v} \\ +\dfrac{tt}{4v} \end{matrix}\right\} yy - ty + v}{nnyy}.$$

この曲線の他のどの位置に点 C を想像しようと,N の方であろうと,Q の方であろうと,点 H と点 C から BH への垂線の足との間にある直線の平方は,常にこれと同じ項で表現され,同じ符号 + と − を帯びることが見いだされるであろう.

そのうえ,IH は $\dfrac{m}{nn}$,LH は $\dfrac{t}{2n\sqrt{v}}$ であるから,角 IHL が直角であることから,IL は

$$\sqrt{\frac{mm}{n^4} + \frac{tt}{4nnv}}.$$

そして LP は,$\sqrt{\dfrac{s}{nn} + \dfrac{p\sqrt{v}}{nn}}$ であるから,IP または IC は,角 IPL が同じく直角であることから,

$$\sqrt{\frac{mm}{n^4} + \frac{tt}{4nnv} - \frac{s}{nn} - \frac{p\sqrt{v}}{nn}}.$$

次に,IH への垂線 CM を作れば,IM は IH と HM または CG との間,すなわち $\dfrac{m}{nn}$ と $y$ との間の差である.そこで,その平方は常に

$$\frac{mm}{n^4} - \frac{2my}{nn} + yy$$

であり，これを IC の平方から除くと，

$$\frac{tt}{4nnv} - \frac{s}{nn} - \frac{p\sqrt{v}}{nn} + \frac{2my}{nn} - yy$$

が CM の平方として残るが，これはすでに見いだされた GH の平方に等しい．あるいは，この計を他の場合のように $nnyy$ で割って，

$$\frac{-nny^4 + 2my^3 - p\sqrt{v}\,yy - syy + \frac{tt}{4v}yy}{nnyy}.$$

次に，

$nny^4$ のかわりに $\dfrac{t}{\sqrt{v}}y^4 + qy^4 - \dfrac{1}{4}ppy^4$ をおき，

$2my^3$ のかわりに $ry^3 + 2\sqrt{v}\,y^3 + \dfrac{pt}{2\sqrt{v}}y^3$ をおき，

双方の計に $nnyy$ を掛けて，

$$y^6 - py^5 \left.\begin{array}{r} -\dfrac{t}{\sqrt{v}} \\ +\dfrac{1}{4}pp \end{array}\right\} y^4 + \left.\begin{array}{r} 2\sqrt{v} \\ +\dfrac{pt}{2\sqrt{v}} \end{array}\right\} y^3 \left.\begin{array}{r} -p\sqrt{v} \\ +\dfrac{tt}{4v} \end{array}\right\} yy - ty + v \text{ が}$$

$$\left.\begin{array}{r} -\dfrac{t}{\sqrt{v}} \\ -q \\ +\dfrac{1}{4}pp \end{array}\right\} y^4 + \left.\begin{array}{r} r \\ 2\sqrt{v} \\ +\dfrac{pt}{2\sqrt{v}} \end{array}\right\} y^3 - \left.\begin{array}{r} -p\sqrt{v} \\ s \\ +\dfrac{tt}{4v} \end{array}\right\} yy \text{ に等しい．}$$

すなわち，

$$y^6 - py^5 + qy^4 - ry^3 + syy - ty + v \infty 0$$

を得る．よって明らかに，線 CG, NR, QO その他これに類するものは，この方程式の根である．証明終わり．

そこでまた[42]，線 $a, b$ の間に 4 個の比例中項を見いだそうとするならば，第 1 の項を $x$ とおいて，

方程式は $x^5 **** - a^4 b \infty 0$,
あるいは $x^6 **** - a^4 bx * \infty 0$

となる．$y - a \infty x$ とおけば，

$$y^6 - 6ay^5 + 15aay^4 - 20a^3y^3 + 15a^4yy \left.\begin{array}{l}-6a^5\\-a^4b\end{array}\right\}y \begin{array}{l}+a^6\\+a^5b\end{array} \infty 0.$$

したがって，

線 AB として $3a$,

BK または $n$ と名づけられた放物線の

通径として $\sqrt{\dfrac{6a^3 + aab}{aa + ab} + 6aa}$,

DE または BL として $\dfrac{a}{3n}\sqrt{aa + ab}$

をとらねばならない．

これら三つのものの長さにもとづいて曲線 ACN を描き，

$$LH \infty \frac{6a^3 + aab}{2n\sqrt{aa + ab}},$$

$$\mathrm{HI} \propto \frac{10a^3}{nn} + \frac{aa}{nn}\sqrt{aa+ab} + \frac{18a^4+3a^3b}{2nn\sqrt{aa+ab}},$$

$$\mathrm{LP} \propto \sqrt{\frac{15a^4+6a^3\sqrt{aa+ab}}{nn}}$$

とせねばならない．なぜならば，点Iに中心をもち，こうして見いだされた点Pを通る円は，曲線を2点C, Nにおいて切るであろう．これらの点から垂線NR, CGをひき，短い方NRを長い方CGから除けば，残りは$x$，すなわち求める4個の比例中項の最初のものであろう．

同様にして，角を5等分すること，円に正11辺形や正13辺形を内接させること，その他この規則の無数の適用例を見いだすことは容易である[43]．

けれども，注意すべきことに，これらの適用例のいくつかにおいて，円が第2類の放物線をきわめて斜めに切る結果，それらの交点が認めがたくなり，この作図が実地には適さなくなることがありうるが，上の規則にならって他の規則を作り――規則は様々に作りうるのであるから――この欠をおぎなうことは容易であろう．

しかし，私の意図は大きな本を書くことではない．私はむしろ多くのことをわずかな言葉であらわそうと努めているのであり，同じ種類のすべての問題を同一の作図に帰着させることによって，私はそれらの問題を無数の他の作図に変形し，各問題を無数の仕方で解く方法を一括して与えたことを考慮してもらえるならば，私は目的を達したとおそらく判断してもらえるであろう．そのうえ，すべての平

面的な問題を或る直線を円によって切ることで作図し，すべての立体的な問題をやはり放物線を円によって切ることで作図し，最後に，さらに1段階だけ複雑なすべての問題を，同じく，放物線より1段階だけ複雑な線を円によって切ることで作図したのであるから，次々とどこまでも複雑になってゆくすべての問題を作図するためには，同じ途を進むだけでよい[44]．なぜならば，数学的な系列に関しては，はじめの2項ないし3項を得れば，他のものを見いだすことは困難ではないからである．私がここに述べた事柄についてだけでなく，各自がみずから発見する喜びを残しておくためことさら省略した事柄についても，後世の人々が私に感謝してくれることを期待したい．

完．

## 訳　注

以下の注において2度以上引用する文献は，次のように略号をもって示すことにする．

AT: *Œuvres de Descartes publiées par Charles Adam et Paul Tannery, nouvelle présentation, en co-édition avec le C. N. R. S.*, Paris, Vrin. 1964年以来続刊中．

C₁: *Hieronymus Cardanus, Opera omnia, Faksimile-Neudruck der Ausgabe Lyon 1663*, Stuttgart-Bad Cannstatt, 1966, Frommann.

C₂: *The Great Art of the Rules of Algebra, translated and edited by T. Richard Witmer*, the M. I. T. Press, Cambridge and London, 1968.

F: *Œuvres de Fermat publiées par les soins de MM. Paul Tannery et Charles Henry*, Paris, Gauthier-Villars, 1891-1922.

G: *La Géométrie*, 初版の写真複製．*The Geometry of René Descartes, translated from the French and Latin by David Eugene Smith and Marcia L. Latham*, Dover, New York, 1954に収録のもの．

H: *Œuvres complètes de Christiaan Huygens, publiées par la Société Hollandaise des Sciences*, La Haye, Martinus Nijhoff, 1888-1950.

P₁: *Pappi Alexandrini Collectiones quae supersunt e libris manuscriptis edidit latina interpretatione et commentariis instruxit Fridericus Hultsch*, Berolini apud Weidmannos, 1876-78.

P₂: *Pappi Alexandrini Mathematicae collectiones, à Federico Commandini...in latinum conversae, et commentariis illustratae*, Pisauri, 1588.

P₃: *Pappus d'Alexandrie, La Collection mathématique, œuvre traduite...par Paul Ver Eecke*, Paris, Blanchard, 1933.

S₁: *Geometria à Renato Des Cartes, anno 1637 Gallicè edita; nunc autem…in lingnam Latinam versa, et commentariis illustrata, operâ atque studio Francisci à Schooten,* …Lugduni Batavorum, ex Officinâ Ioannis Maire, 1649.

S₂: *Geometria à Renato Des Cartes, anno 1637 Gallicè edita; postea autem…in Latinam linguam versa, et commentariis illustrata, operâ atque studio F. à Schooten, …Nunc demum ab eodem diligenter recognita, locupletioribus commentariis instructa, multisque egregiis accessionibus…exornata,* …Amstelaedami, apud Ludovicum et Danielem Elzevirios, 1659. これは 2 巻本であるが，本注において言及するのは第 1 巻だけである．

V: *Francisci Vietae Opera mathematica, in unum volumen congesta, ac recognita, operâ atque studio F. à Schooten…*, Lugduni Batavorum, ex Officinâ Bonaventurae & Abrahami Elzeviriorum, 1646.

### 第 1 巻

1) 原語は上に「積」（p. 8, l. 6）と訳したのと同じ «produit»．商を意味する術語 quotient は第 3 巻（p. 97, l. 9）に至ってはじめてあらわれる．

2) p. 26, l. 21〜24, p. 83, l. 19〜p. 84, l. 19, p. 114, l. 8〜16, p. 130, l. 4〜p. 131, l. 10 を見よ．

3) ディブアディウス Christianus Dibuadius はすでに立方根を $\sqrt{C}$, $\sqrt{c}$ などによってあらわしていた（1605）．デカルトは 1640 年には $\sqrt{(3)}$ と書くようになるが（AT, Ⅲ, p. 190），これはハリオット Thomas Harriot（1560-1621）が 1631 年刊行の著書中に用いていたものである．その後ウォリス John Wallis（1616-1703）が一般に $m$ 乗根を $\sqrt{m}$ であらわすことになるが（1655），$^m\sqrt{\phantom{x}}$，$\sqrt[m]{\phantom{x}}$ が用いられるのは 18 世紀に入ってからのようである．

4) 幾何学的傾向の強いウィエタ François Viète（1540-1603）の代数学にあっては，同次元の量のみが互いに加減されうると考えられた．いわゆる斉次の規則で，フェルマ Pierre de Fermat（1601-65）

訳　注

はこれを守ったが，デカルトは単位の導入によって，代数式に幾何学的な意味を保ちながらも，その表現に自由を与えた．一見単純なことのようでありながら，その歴史的意義はきわめて大きい．
5) 等号 ＝ はリコード Robert Recorde (1510?-58) によって 1557 年に導入されていたが，その後はかえって普通の形容詞や動詞によって相等関係が表現されることが多かった（aequales, aequantur, faciunt, esgale, gleich, ときに aeq. など）．しかしイギリスではハリオット，オウトレッド William Oughtred (1574-1660) によって ＝ が復活された (1631)．∞ はデカルトの創案になるもので，『幾何学』の刊行後 18 世紀初頭までフランスおよびオランダにおいては広くおこなわれたが，他の地域にひろまることはなかった．
6) «Equation»．本パラグラフにおいてのみ「等式」と訳し，以後は常に「方程式」と訳すことにする．
7) «sursolide»．ここでは 5 乗を意味する．第 2 巻 注 31) を参照．
8) 未知または不定量（数），既知または定量（数），およびそれらの巾をあらわすための今日の記号法は，デカルトに始まる．（ただし，p. 23, l. 17 などにおいては，文字 $z$ が例外的に既知量をあらわしている．）ウィエタは母音大文字を用いて未知量をあらわし，そのあとに quadratum, cubus, quadrati-quadratum などの語（多かれ少なかれ短縮して）を続けてその巾をあらわす一方，子音大文字をもって既知量をあらわし，そのあとに planum, solidum, plano-planum などの語を続けてその巾をあらわした (1591)．フェルマはこの複雑な記号法を踏襲したが，ハリオットはたとえば $aaa$ と書き (1631)，エリゴーヌ (Pierre Hérigone) は $a3$ と書き (1634)，ヒューム James Hume は $A^{iii}$ と書いていた (1636)．
9) 「円錐曲線により」以下に述べられている「問題」は第 3 巻の主題をなすものであるが (p. 108, l. 9 以下)，ほかに，円錐曲線より「1 段階か 2 段階だけ複雑な線」«ligne...d'vn ou deux degrés plus composée» については，p. 21, l. 6〜9, 16〜18, p. 21, l. 25〜p. 22, l. 2, p. 27, l. 4〜7, p. 35, l. 9〜12, p. 47, l. 20〜p. 51, l. 5 を見よ．

10) 負根は捨てられている．そして，第1巻では他の場合も同様である．
11) 虚根については第3巻，p. 95, l. 16 以下において言及される．
12) コマンディノ Federico Commandino (1509-75) による『数学集録』 *Synagoge* のラテン語訳（P₂）の p. 164 verso～p. 165 verso から引かれている．
13) «positione datis». デカルトは «deonnées par position» と書く．magnitudine data（大きさに関して与えられる），specie data（形に関して与えられる）などと並ぶ表現．（最後の表現では，互いに相似な図形が同じ species（形，種）に属すると見られている．）
14) «solidus locus» (lieu solide). ギリシア数学において円以外の円錐曲線が topoi stereoi（複）と呼ばれたのを訳したもの．ギリシアでは直線と円は平面上に作図しうることが要請されて（ユークリッド『幾何学原論』第1巻，要請 1, 3），平面軌跡 topoi epipedoi (loci plani, lieux plans) と呼ばれ，これに反して，円を除く円錐曲線の作図には円柱や円錐の切断が必要と考えられたところから，これらの曲線が立体軌跡と呼ばれたのである．なお，p. 28, l. 4～9 を参照．
15) 前注を参照．2線問題の解はアポロニウス（紀元前 250-200 ごろ活躍）の平面軌跡論に含まれていたことがパップス（3世紀後半）によって報じられており（P₁, II, p. 660; P₂, p. 162 verso～163 recto; P₃, II, p. 499），問題中の比が1に等しくないときの軌跡に「アポロニウスの円」の名があるが，この命題はすでにアリストテレス（前 384-322）にも知られていた．
16) 「平面的」でも「立体的」でもない軌跡は「曲線的」grammikoi と呼ばれた．ただし，ここに引用されている文章では名詞形が使われている（P₁, II, p. 678, «grammon»; P₂, p. 165 recto, «lineas»）．
17) この部分のパップスの原文は，細部に関しては解釈のわかれるところであるが，全体としては否定的に「人々は総合をおこなわなかった」というふうに今日では解されているし，コマンディノの訳文も，デカルトの引用文とは句読法の異なる点があって，このよう

な否定文として解釈できなくもない．にもかかわらず私があえて「総合をおこなった」と訳したのは，デカルトの引用文ではこの解釈の方が自然であり，事実また彼はこのように解釈したからである．p. 20, l. 13〜16 を見よ．なお，「総合」という訳語については第 2 巻注 30) を参照．

18) パップスの問題は，1631 年にヤコブス・ゴリウス Jacobus Golius（1596-1667）からデカルトに提出された．AT, I, p. 232〜235 を見よ．

19) パップスの問題にたいするデカルトの解答はふたつの部分にわかれている．この p. 20, l. 21〜p. 21, l. 12 はその第 1 の部分をなすもので，ついで 4 線ないし 5 線の場合に関して実例を示しながら，補足説明がおこなわれる（p. 22, l. 7〜p. 27, l. 7）．この部分では，一般に未知数の一方に任意の値を与えて得られる 1 元方程式を問題とするのであるが（p. 25, l. 20〜p. 26, l. 1），「第 1 の線の表現には $x$ が使われない」（p. 26, l. 2〜3）ように $y$ 軸をとれば，与えられた直線の数 $N$ が $4n-2$ の場合はむろんのこと，$4n-1$ の場合も，一方の積を作る $2n$ 個の線分の間に「第 1 の線」を含めることによって，$(2n-1)$ 次を越えない $x$ の方程式を得るから，結局 $N=(4n-2)$〜$(4n+1)$ の場合は，たかだか $(2n-1)$ 次か $2n$ 次の方程式が得られる．ただし，$(4n+1)$ 本の直線がすべてたがいに平行な場合は，$x$ はまったくあらわれないで，$(2n+1)$ 次の $y$ の方程式が得られる（p. 26, l. 15〜20）．$n=1$ の場合における方程式の根の作図法は，本書の冒頭において述べられた（p. 13, l. 2〜p. 15, l. 6）．$n=2, 3$ の場合の根の作図法は第 3 巻において論ぜられる（p. 108, l. 9 以下）．

20) パップスの問題にたいする解答の第 2 の部分．ここでは 2 元方程式があらわす軌跡を問題とするのであり，詳論は第 2 巻に譲られるが（p. 27, l. 9〜10），前注中の表現を続けて用いれば，$N=4n-2$ のとき方程式の次数はたかだか $2n-1$，$N=(4n-1)$〜$4n$ のとき $2n$ であるが，$N=4n+1$ のときは $2n+1$ となりうる．したがって，ここでは $N=(4n-3)$〜$4n$ の場合が次数 $(2n-1)$〜$2n$ を与えるもの

として一括され，$N=4n+1$ の場合は，たとえすべての直線が互いに平行でなくても，次の区分に移されることになる．次数 $(2n-1)$ 〜 $2n$ の場合の軌跡は，のちに第 $n$ 類の曲線と呼ばれる（p. 32, l. 12〜p. 33, l. 4）．
21) p. 35, l. 9〜12 を見よ．
22) G, p. 309 にも AT, VI, p. 382, l. 12 にも «CBA» とあり，スホーテン Frans Van Schooten (1615-61) の翻訳においても改められなかった（$S_1$, p. 14; $S_2$, p. 12）．
23) このことは第 3 巻において詳しく論ぜられる．p. 108, l. 9〜p. 120, l. 14 を見よ．
24) 前注に記したのと同じ個所を見よ．
25) p. 122, l. 17〜131, l. 16 を見よ．

### 第 2 巻

1) «lineaires». 第 1 巻 注 14), 16) を参照．
2) ギリシア人は「曲線的」な軌跡を描くために種々の機械を考案し，そこから，この種の曲線は mekhanikotera（あまりにも機械的）と形容されるにいたった（$P_1$, II, p. 254, 258; $P_2$, p. 57 verso, 58 recto; $P_3$, I, p. 194, 197）．
3) 螺線 «Spirale» は，半直線 AD［A 図］がその端点 A のまわりに等角速度をもって回転するとき，その直線上を端点から出発して等速度で進む点の軌跡 ABCD として考えられたもので，アルキメデス（紀元前 287 ごろ-212）によって深い研究がおこなわれた．円積線 «Quadratrice» は，ヒッピアス（紀元前 4 世紀）が最初に考えたと言われるもので，円の半径 AB［B 図］が等角速度をもって 1 直角だけ回転して AD の位置に達する間に，線分 BC が等速度をもって同じ AD の位置まで平行移動するとき，両者の交点によって作られる曲線 BFG である．$AG=2AB/\pi$ となるところから，円の求積を可能にするものと見られて，tetragonizousa（求積線）と呼ばれ，ラテン語では quadratrix と訳された．デカルトがこれらの 2 曲線

訳　注　　　139

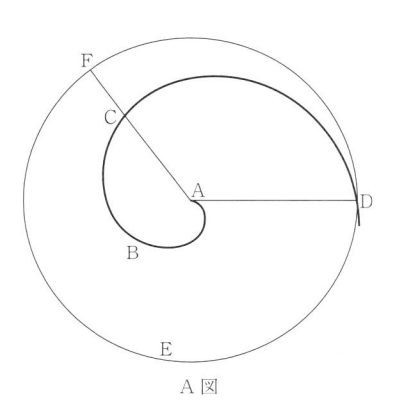

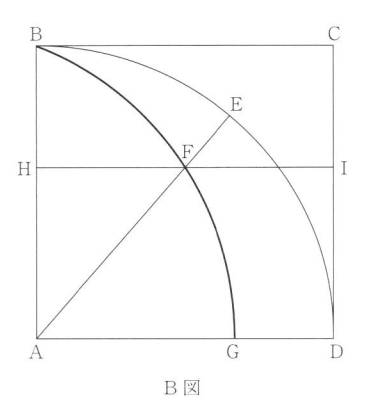

A図

B図

について「精密に測りえない別々のふたつの運動によって描かれる」と言っているのは、むろん、円弧 $\stackrel{\frown}{DEF}$, $\stackrel{\frown}{BE}$ がそれぞれ AC, BH と「通約不能」であることを意味している.

4) コンコイド «Conchoïde» はニコメデス（紀元前3世紀）が最初に考えたと言われるもので、パップスは4種のコンコイドをあげている（P₁, I, p. 244; P₂, p. 55 verso; P₃, I, p. 186). 点 E [C 図] と、これから $a$ の距離にある直線 AB が与えられたとき、E を極とする動径上に、AB で限られた長さ $b$ の線分 DC をとるとき、C の描く曲線 HCFI が第1種のコンコイド、あるいは上部コンコイド conchoïde supérieure で、デカルトはのちにこの曲線の法線作図法を述べるであろう. p. 64, l. 23～p. 65, l. 11 を見よ. CD を AB より下にとれば下部コンコイド conchoïde inférieure が得られ、$b>a$, $b=a$, $b<a$ に応じて、それらが第2種、第3種、第4種と呼ばれたようである. また、シッソイド «Cissoïde» はディオクレス（紀元前2世紀か）の発案によると言われるもので、円 O [D 図] の直交する2直径 AB, CD があるとき、B の両側に相等しい弧 $\stackrel{\frown}{BE}$, $\stackrel{\frown}{BF}$ をとり、F から CD におろした垂線 FG と弦 CE との交点 P の軌跡 CPB である. 前出の螺線と円積線が超越曲線であるに反し、これらの2曲線は代数曲線であって、その方程式は、図のように座標軸をとり、また OB=$r$ とするとき、それぞれ $(x^2+y^2)(y-a)^2=b^2y^2$, $y^2(r+x)=(r$

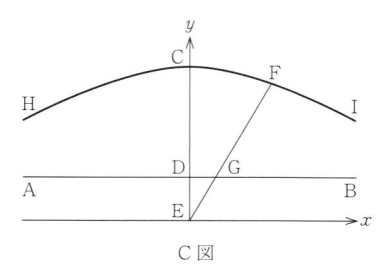

C 図

訳　注　　　　　　　　　141

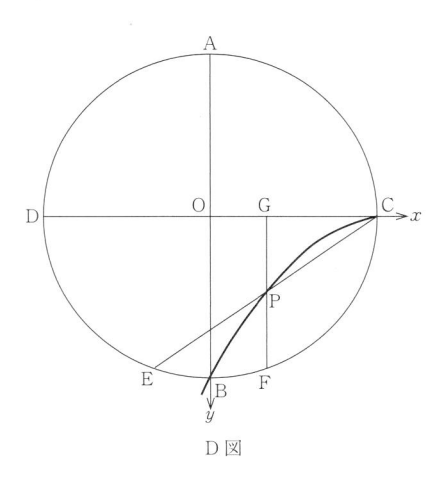

D 図

$-x)^3$ となる.
5) «Calcul Geometrique». 解析幾何学の根本理念をあらわす語と言えよう.
6) スホーテンは «XYZ» としている ($S_1$, p. 22; $S_2$, p. 19).
7) 文字 «E» はスホーテンによって加えられた ($S_1$, p. 22; $S_2$, p. 19).
8) 第2巻 注4) に記したところによれば, 第2種, 第3種, または第4種のコンコイドでなければならない. しかし, スホーテン訳はこの点を改めていないばかりか, $P_2$ 中における4種のコンコイドについての言及の個所を正しく注記している ($S_1$, p. 26; $S_2$, p. 23) ところから見て, 次のように考えるべきかもしれない. 実のところパップスは, 第2種以下のコンコイドについては, その名をあげるのみで, 何ら定義を与えていないので, デカルトもスホーテンも新しい解釈をとり, 基線 AB [C 図] が直線の場合をすべて第1種と見て

いたのかもしれない．実際，同時代の数学者ロベルヴァル Gilles Personne de Roberval（1602-75）は，種々の曲線を基線とするコンコイドを考えていたのである．
9) p. 21, l. 25〜p. 22, l. 2. 詳しくは p. 47, l. 20〜51, l. 5 を見よ．
10) p. 35, l. 3〜17 の記述は当を欠くことが，1660 年にフェルマによって指摘された．たとえば，CNK が第 2 類の曲線 $y^3 = p^2 x$ のとき，EC は 4 次曲線となり，p. 32, l. 24〜p. 33, l. 2 によって同じく第 2 類に属するにかかわらず，p. 35, l. 12〜15 によれば第 3 類に属さねばならない（F, I, p. 121〜123；III, p. 112〜113）．
11) 4 次方程式を 3 次の分解方程式に還元するフェラリ Ludovico Ferrari（1522-60?）の方法は，カルダノ Girolamo Cardano（1501-76）の *Artis magnae sive de regulis algebraicis, liber unus*（1545）の第 38 章に記されていたし（C₁, IV, p. 288〜293；C₂, p. 237〜253），本書の第 3 巻にはデカルト自身の還元法が述べられる（p. 99, l. 11〜p. 105, l. 5）．一般に $2n$ 次の方程式の解法が $2n-1$ 次のそれに還元されるかのような目下の彼の言葉は，この場合を不当に拡張したものである．なお第 3 巻 注 33) を参照．
12) 第 2 巻 注 8) を参照．
13) «somme»．「和」という普通の訳語を避け，常に「計」と訳すことにする．なぜならば，問題となっているのは代数和であるが，一般に「諸項の加法か減法によって作られるもの」というような表現（たとえば p. 11, l. 10〜15）をするデカルトに，代数和の概念を帰することはむりだからである．
14) これらの関係は，p. 23, l. 10〜11, 25, p. 24, l. 14, 20 で与えられていた．
15) «nulle, ou moindre que rien»．
16) ロベルヴァルは，1656 年 7 月，本文中のこの部分（「点 C が…解きえないであろう」）を批判して，4 線問題の解は 2 個の円錐曲線となること，そして解は常に可能であることを指摘した（H, I, p. 449〜451）．ホイゲンス Christiaan Huygens（1629-95）はこれをスホー

テンに伝えるとともに，みずからもロベルヴァルの指摘を敷衍して書き送った結果（ibid., p. 460～462, 519～524），$S_2$, p. 179～181 に，おおむね同趣旨の新しい注釈が書き加えられた．実際デカルトは，p. 39, l. 15 において，2次方程式の根を1個しかとっていないのである．なお，第2巻 注25) を参照．

17) 符号 − は G, p. 326 にも，$S_1$, p. 31，$S_2$, p. 27 にも欠けており，AT, VI, p. 399 において加えられた．

18) 〔 〕内の語は作者の不注意によるもので，ホイゲンスの指摘（H, I, p. 324-325）により，$S_2$, p. 29 において削除された．H, XIV, p. 413 を参照．

19) «l'vne de celles qui s'appliquent par ordre à ce diametre». アポロニウスの『円錐曲線論』に由来する語法のひとつ．彼は円錐を平面で切断して円錐曲線を導入するにあたり，まず，そのすべての平行弦を等分する直線があることを示して，これを円錐曲線の「直径」と呼び，それによって等分された各平行弦の部分を，その直径に規則正しく（tetagmenos）立てた（またはひいた）線と呼んだ．これがラテン語において linea ordinatim applicata と訳され，さらに短縮されて ordinata，あるいは applicata と呼ばれるにいたった．他方，直径の端点すなわち頂点と或る ordinata との間にはさまれた直径の部分をあらわす表現は，linea abscissa，あるいは単に abscissa と訳された．しかしデカルトはこれを «segment du diametre»「直径の部分」と呼んでいる（たとえば p. 45, l. 8）．この ordinata ないし applicata（縦線）と abscissa（横線）という語は，円錐曲線以外にも広く用いられることになり，さらに 1675 年，ライプニッツ Gottfried Wilhelm Leibniz（1646-1716）によって coordinatae と総称されるのである．なお，latus rectum, costé droit（通径）とは，考えられた直径に関し，その端点からこれに立てた特定の長さをもつ垂線として定義されたもので（orthia pleura），その長さは，$x^2/a^2 \pm y^2/b^2=1$ では $2b^2/a$，$y^2=px$ では $p$ となる．（放物線の場合 $p/2$ の長さとする定義は後代のものである．）「通径」という語は適訳と

も思えないが，すでに定着した語なので，私もこれに従った．この latus rectum との対比で，有心 2 次曲線において $-a \leqq x \leqq a$ なる直径の部分は plagia, latus traversum と呼ばれ，デカルトは «costé traversant» と書いている．これには定訳もないまま，「横径」と訳すことにする．なお，第 2 巻 注 27) を参照．

20) 以下 p. 44, l. 5 までに述べられる 4 線軌跡の作図法はわかりにくいが，スホーテンが $S_2$, p. 182～206 において細かく点検しているので，それを要約して紹介し，あわせて本文中の記述との対応を示しておこう．これによって，デカルトが言及していない点も同時に明らかとなるであろう．

〔Ⅰ〕 放物線．$LC = \sqrt{\pm m^2 \pm ox}$ (p. 41, l. 12).

直径は IL 上にある (p. 41, l. 17)．頂点を N とし (p. 41, l. 17～18)，通径 $= r$, $NI = f$ とおく．

（1） $LC = \sqrt{m^2 + ox}$. I は L, N の間 (p. 41, l. 19).

（2） $LC = \sqrt{m^2 - ox}$. L は I, N の間 (p. 41, l. 20).

（3） $LC = \sqrt{-m^2 + ox}$. N は I, L の間 (p. 41, l. 21).

（1）（2）（3）を通じて，$r = \dfrac{oz}{a}$, $f = \dfrac{am^2}{oz}$ (p. 41, l. 17～18).

（4） $LC = \sqrt{ox}$. N は I と一致 (p. 41, l. 24).

$r = \dfrac{oz}{a}$ (p. 41, l. 17), $f = 0$.

〔Ⅱ〕 楕円．$LC = \sqrt{\pm m^2 \pm ox - \dfrac{p}{m}x^2}$ (p. 41, l. 14).

直径は IL 上にある．中心を M (p. 42, l. 4)，頂点を N, Q とし，通径 $= r$, 横径 $= 2c$, $IM = d$ とおけば，$\dfrac{r}{2c} = \dfrac{pz^2}{a^2 m}$ (p. 42, l. 19).

（1） $LC = \sqrt{m^2 + ox - \dfrac{p}{m}x^2}$. M は I に関して L と同側 (p. 42, l. 7～8).

（2） $LC = \sqrt{m^2 - ox - \dfrac{p}{m}x^2}$. M は I に関して L と異側 (p. 42, l. 8～9).

（1）（2）を通じて，$c > d$. $r = \sqrt{\dfrac{o^2 z^2}{a^2} + \dfrac{4mpz^2}{a^2}}$.

訳　注

$$2c=\sqrt{\frac{a^2o^2m^2}{p^2z^2}+\frac{4a^2m^3}{pz^2}}\quad (\text{p. 42, l. 12, 21}).$$

（3） $LC=\sqrt{m^2-\frac{p}{m}x^2}$. M は I と一致.

$d=0$. $r=\sqrt{\frac{4mpz^2}{a^2}}$ (p. 42, l. 18), $2c=\sqrt{\frac{4a^2m^3}{pz^2}}$.

（4） $LC=\sqrt{-m^2+ox-\frac{p}{m}x^2}$. N は I に関して M と同側.

$c<d$. $r=\sqrt{\frac{o^2z^2}{a^2}-\frac{4mpz^2}{a^2}}$ (p. 42, l. 15),

$$2c=\sqrt{\frac{a^2o^2m^2}{p^2z^2}-\frac{4a^2m^3}{pz^2}}.$$

（5） $LC=\sqrt{ox-\frac{p}{m}x^2}$. N は I と一致.

$c=d$. $r=\frac{oz}{a}$ (p. 42, l. 17), $2c=\frac{aom}{pz}$.

〔II′〕円. $LC=\sqrt{\pm m^2\pm ox-\frac{p}{m}x^2}$. $a^2m=pz^2$ (p. 41, l. 14).

（1） $LC=\sqrt{m^2+ox-\frac{p}{m}x^2}$.

（2） $LC=\sqrt{m^2-ox-\frac{p}{m}x^2}$.

（1）（2）を通じて，$c>d$. $r=2c=\sqrt{\frac{o^2z^2}{a^2}+\frac{4mpz^2}{a^2}}$.

（3） $LC=\sqrt{m^2-\frac{p}{m}x^2}$.

$d=0$. $r=2c=\frac{2pz^2}{a^2}=2m$.

（4） $LC=\sqrt{-m^2+ox-\frac{p}{m}x^2}$.

$c<d$. $r=2c=\sqrt{\frac{o^2z^2}{a^2}-\frac{4mpz^2}{a^2}}$.

(5) $LC=\sqrt{ox-\dfrac{p}{m}x^2}$ (第8図).

$c=d$, $r=2c=\dfrac{oz}{a}$.

〔III〕 双曲線. $LC=\sqrt{\pm m^2\pm ox+\dfrac{p}{m}x^2}$ (p. 41, l. 13).

中心を M, 頂点を N, Q とし, 通径 $=r$, 横径 $=2c$, $IM=d$ とおく.

(1) $LC=\sqrt{m^2-ox+\dfrac{p}{m}x^2}$. 直径は IL 上にあり, M は I に関して L と同側 (p. 42, l. 10).

(2) $LC=\sqrt{m^2+ox+\dfrac{p}{m}x^2}$. 直径は IL 上にあり, M は I に関して L と異側 (p. 42, l. 11).

(1)(2)を通じて, $d>c$, $o^2>4mp$ (p. 42, l. 16).

$r=\sqrt{\dfrac{o^2z^2}{a^2}-\dfrac{4mpz^2}{a^2}}$, $2c=\sqrt{\dfrac{a^2o^2m^2}{p^2z^2}-\dfrac{4a^2m^3}{pz^2}}$ (p. 42, l. 15).

(3) $LC=\sqrt{-m^2+ox+\dfrac{p}{m}x^2}$. 直径は IL 上にあり, N は I, L の間.

(4) $LC=\sqrt{-m^2-ox+\dfrac{p}{m}x^2}$. 直径は IL 上にあり, M, N が I, L の間.

(3)(4)を通じて, $d<c$. $r=\sqrt{\dfrac{o^2z^2}{a^2}+\dfrac{4mpz^2}{a^2}}$,

$2c=\sqrt{\dfrac{a^2o^2m^2}{p^2z^2}+\dfrac{4a^2m^3}{pz^2}}$ (p. 42, l. 21).

(5) $LC=\sqrt{ox+\dfrac{p}{m}x^2}$. 直径は IL 上にあり, N は I と一致.

(6) $LC=\sqrt{-ox+\dfrac{p}{m}x^2}$. 直径は IL 上にあり, Q は I と一致.

(5)(6)を通じて, $c=d$. $r=\dfrac{oz}{a}$ (p. 42, l. 17), $2c=\dfrac{aom}{pz}$.

(7) $LC=\sqrt{-m^2+\dfrac{p}{m}x^2}$. 直径は IL 上にあり, M は I と一致.

訳　注　　147

$d=0$, $r=\sqrt{\dfrac{4mpz^2}{a^2}}$, $2c=\sqrt{\dfrac{4a^2m^3}{pz^2}}$.

（1）～（7）を通じて，$\dfrac{r}{2c}=\dfrac{pz^2}{a^2m}$ （p. 42, l. 19）.

（8）　$LC=\sqrt{m^2-ox+\dfrac{p}{m}x^2}$. 直径は LC に平行で（p. 43, l. 7），M は I に関して L と同側（第9図，ただし注25）を参照）.

（9）　$LC=\sqrt{m^2+ox+\dfrac{p}{m}x^2}$. 直径は LC に平行で（p. 43, l. 7），M は I に関して L と異側.

（8）（9）を通じて，$o^2<4mp$,
$r=\sqrt{\dfrac{4a^4m^4}{p^2z^4}-\dfrac{a^4o^2m^3}{p^3z^4}}$, $2c=\sqrt{4m^2-\dfrac{o^2m}{p}}$ （p. 43, l. 10～p. 44, l. 2）.

（10）　$LC=\sqrt{m^2+\dfrac{p}{m}x^2}$. 直径は LC に平行で（p. 43, l. 7），M は I と一致.
$r=\dfrac{2a^2m^2}{pz^2}$, $2c=2m$ （p. 44, l. 3）.

（8）～（10）を通じて，$\dfrac{r}{2c}=\dfrac{a^2m}{pz^2}$.

これらすべての結果は，未定係数法を用いて容易に得られる．たとえば，〔II〕の（1）の場合［E 図］ならば，$IL=\dfrac{a}{z}x$ （p. 40, l. 16）であるから，$NL=c-d+\dfrac{a}{z}x$, $LQ=c+d-\dfrac{ax}{z}$. これを $\dfrac{NL\cdot LQ\cdot r}{2c}=LC^2=m^2+ox-\dfrac{p}{m}x^2$ に代入して，両辺の係数を比較すればよい.

21)　第2巻 注19)を見よ.

22)　『円錐曲線論』第1巻の「命題52（問題）」を指す．アポロニウスはここで，頂点，直径，直径とこれに規則正しく立てた線との間の角，および通径が与えられたとき，放物線を作図する方法を述べている.

23)　第2巻 注19)を見よ.

24)　『円錐曲線論』第1巻の「命題55（問題）」および「命題56（問

E 図

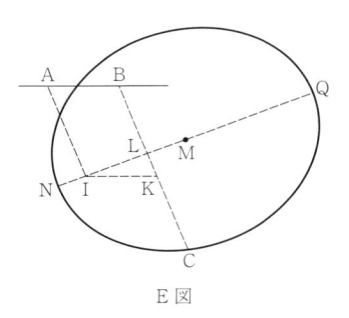

題)」を指す．第 2 巻 注 22) に記したのと同じ条件のもとに，それぞれ双曲線および楕円の作図法を述べている．

25) 第 9 図がこの作図を示しているが，双曲線の 1 分枝しか描かれていないばかりでなく，描かれた分枝は与えられた 4 直線の 2 交点を通らなければならない．この誤りも，第 2 巻 注 16) に記したのと同じ機会にロベルヴァルによって指摘された（H, I, p. 450）．

26) 第 2 巻 注 24) に記したところにより，「問題 2」と呼ぶべきであろう．

27) 通径の概念を導入して円錐曲線の métrique な性質を述べる最初の命題で，その内容は，直径を $x$ 軸，頂点における曲線の接線を $y$ 軸にとり，通径を $p$，横径を $d$ であらわすとき，曲線の方程式として次のものを与えることに帰着する．命題 11，放物線：$y^2 = px$，命題 12，双曲線：$y^2 = px + \frac{p}{d}x^2$，命題 13，楕円：$y^2 = px - \frac{p}{d}x^2$．なお，第 2 巻 注 19) および p. 55, l. 6〜10 を参照．

28) $\mathrm{IM} = \frac{aom}{2pz}$ (p. 42, l. 5) および $\mathrm{NM} = \frac{1}{2}\sqrt{\frac{a^2o^2m^2}{p^2z^2} + \frac{4a^2m^3}{pz^2}}$ (p. 42, l. 21) に代入して得られる．

29) p. 41, l. 14〜16 を見よ．

30) «composition»．ギリシア数学の方法論における synthesis がコ

マンディノによって compositio と訳されたのを受けるものと考えられる．analysis は resolutio と訳された．『数学集録』の特に第 7 巻冒頭（$P_1$, II, p. 634; $P_2$, p. 157 recto～verso）を見よ．なお，synthesis は「求められたものを作図するにいたる」（ibid.）という意味で，目下の composition は「作図」とも訳しうるであろう．

31) «lieu sursolide»．すなわち 3 次曲線である．見られるとおり，ここでの «sursolide» という語の意味は，p. 11, l. 11，また p. 122, l. 8 の場合（5 次を意味する）とは異なっている．

32) G, p. 337 には誤って «cherchées»（求められた）と記されていたが，$S_1$, p. 40 において «datae»（与えられた）と訂正され，AT, VI, p. 408 も «données» としている．

33) 直径とこれに規則正しく立てた線とが直交する場合である．「主通径」の原語は «costé droit principal»，「主軸」の原語は «aissieu»．

34) «adiointe»．GA に関して CEG と対称的な線．

35) «contreposées»．NI$o$ は p. 50, l. 3 の方程式をもつ曲線の $y<0$ に対応する分枝であり，「随伴線」$c$EG$c$ と $n$IO もまた同じ意味でひとつの曲線を作る．これらの分枝は至るところ曲率がきわめて小であるところから，製図にあたったスホーテン自身（AT, I, p. 611）がデカルトの原図を誤解し，これらを直線として描いてしまったものと思われる．$S_1$, p. 41, 42; $S_2$, p. 36 はもとより，AT, p. 409, 410 もこの点に何ら触れることなく，初版（G, p. 336, 338）の図を転載している．

36) この個所に限って，訳文の煩雑を避けるため，«les lignes droites appliquées par ordre a son diametre» およびそれに類似の表現を単に「縦線」と訳し，«les segments de ce diametre, qui sont entre le sommet & ces lignes» およびそれに類似の表現を単に「横線」と訳した．第 2 巻 注 19) を参照(*)．

37) G, p. 340 には «l'egalité ou la difference» とあるが，$S_1$, p. 44; $S_2$, p. 39 は «summam vel differentiam» としており，AT, VI, p. 412 は «l'esgalité de la somme, ou de la difference» と読むことを脚注で

提案している．私はこの提案に従った．
38) ギリシア人の考え方を受けついだもので，当時ではこれがむしろ一般的な考え方であったと言ってよい．この点においては，デカルトはけっして改革者ではなかったわけである．なお，この問題については拙論「近世初頭における曲線の求長および回転面の求積」（『科学基礎論研究』第31号，1968, p.146〜156）を参照していただければ幸いである．
39) この一節はデカルトが曲線の方程式から面積決定を得る一般的方法をもっていたことを示唆するものとして興味ぶかい．しかし，その方法を具体的に示す文献は伝わっていない．この点に関して私たちが知りうる事実は，彼が一般化された放物線 $y^m = px$ と直線 $x = a$ とに囲まれた図形の求積と重心決定，またこの図形が $x$ 軸の周囲に回転して生ずる立体の求積と重心決定を容易になしえたということだけである．1638年7月13日付メルセンヌ Marin Mersenne (1588-1648) あての手紙（AT, II, p.248〜250）を見よ．
40) «contingentes». その後廃れた語法であるが，たとえばウィエタは contingens という語を tangens と並んで用いていた（たとえば V, p.393〜394）．
41) デカルトが法線決定の重要性をこれほどまでに自覚していたということは，注目に値する．ただし，彼の方法は，その煩雑さのゆえに，ほどなくフェルマの接線決定法（1629年ごろ発見）に席を譲らねばならなかった．
42) 第2巻 注27) を参照．
43) p.49, l.14〜p.50, l.3 に従って容易に得られる．
44) p.66, l.5 以下に論ぜられる第1の卵形線にほかならない．
45) «renuersée, ou moindre que rien». 第3巻では負根が「偽根」«fausse racine» と呼ばれることになる．たとえば, p.85, l.19 を見よ．
46) 未定係数法の導入である．
47) p.55, l.13 を見よ．

48) p. 56, l. 4 を見よ．
49) p. 58, l. 10 を見よ．
50) p. 61, l. 13 を見よ．
51) «perpendiculaires» とあり，normale という語はまだ見られない．スホーテンも «perpendiculares» と訳している（S₁, p. 56; S₂, p. 49）．
52) この法線作図法については，S₁, p. 218〜223; S₂, p. 249〜264 に詳しい注釈がある．スホーテンはデカルトの方法に従って，AB=$b$, BD=$c$, CL=$x$, BL=$y$, BK=$v$, CK=$s$ ［F図］とするとき，
$$v = b + \frac{bc^2}{y^2} + \frac{b^2c^2}{y^3}$$
となることを示したうえ，EI∥BA，IJ∥EA と

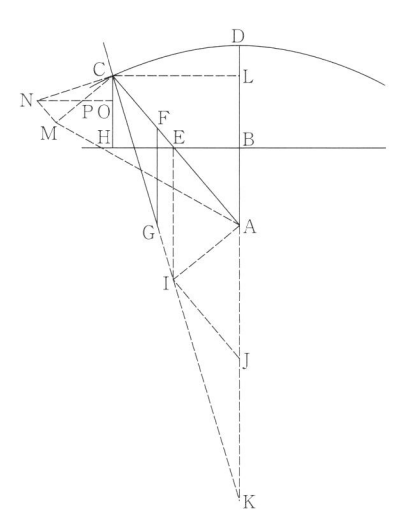

F図

すれば，$AJ = \dfrac{bc^2}{y^2}$，$JK = \dfrac{b^2c^2}{y^3}$ であることを述べ，かつ，$S_2$ においては，AI⊥AC というホイゲンスの指摘を報告している（p. 253）．（この指摘は，1654年10月ホイゲンスがスホーテンに送った文書，H, I, p. 305 に見える．ホイゲンスがどのようにしてこの命題に達したかは不明であるが，直線 AC の回転の瞬間的中心を考えればただちに得られる命題である．）さらにまた AT は，デンマークの数学史家ズウテンが 1900 年にデカルトの作図にたいして簡潔な証明を与えたことを報告している（VI, p. 441）．この証明を敷衍すれば，次のようになるであろう．G を未知として，BA に平行に FG をひく．他方，任意の動径 AM をひき，C における AC の垂線と M で交わらせる．AC に平行に MN をひいて，C における曲線の接線と N で交わらせ，N から CH に垂線 NO をおろす．MC, NO の交点を P とすれば，$CF/FG = CP/PN = CO/NM = -dHC/dAC = -dHC/dAE$．ところが AE・HC = EC・AB から，$-dHC/dAE = HC/AE$ が出る．

53) G または H を極とする動径を $u$，F を極とする動径を $v$ であらわし，A5/A6（p. 57, l. 5 の $d/e$）$= 1/m$ とおけば，卵形線の方程式は明らかに次のようになる．第 1 類：$u + mv = AG + mAF$，第 2 類：$u - mv = AG - mAF$，第 3 類：$u - mv = AH - mAF$，第 4 類：$u + mv = AH + mAF$．ただし，デカルトは $m \leqq 1$ と仮定している（p. 66, l. 12〜14, p. 71, l. 10〜15）．つまり，第 1 類と第 4 類，また第 2 類と第 3 類は同じ曲線であって，たとえば，第 20 図の曲線は，F, G を焦点と見れば第 1 類の卵形線であるが，G, K を焦点と見れば第 4 類の卵形線である．

いずれにせよ，上の方程式は，たとえば第 1 類の卵形線について FI における光の速さ /IG における光の速さ $= m/1$ とするデカルトの考え（『屈折光学』第 2 講）をくつがえすにたりるものであるが，彼はついにこのことには気づかなかった．

卵形線に関するデカルトの研究は，或る遺稿中にその跡が示され

ている（AT, X, p. 310〜324）．彼が光学的観点から楕円や双曲線の概念を拡張しようとして卵形線に到達したことは明らかで（詳しくは p. 71, l. 17〜p. 73, l. 23），この遺稿では，紐を用いてのその描き方（p. 70, l. 1〜13）を述べた後，上述の方程式に相当するものを与え，法線を計算により決定して，曲線の光学的性質を証明している．しかし，彼がどのようにして卵形線を発見したかという点自体は明らかでない．ホイゲンスによるこの点の説明は興味ぶかいものではあるが，復原としての妥当性はまた別問題である（*Traité de la lumière*, 1690, 第 6 章, H, XIX, p. 529〜530）．

54) デカルトは双曲線 H と楕円 E が卵形線 O に含まれることを知りながらも（p. 71, l. 12〜15），それらを円錐曲線の類（p. 71, l. 3〜5）と見たところから，H, E の種を O の種と対応させるため，O にはさらに下位の類（p. 71, l. 3〜4, 7, 8）を立てたものと思われる．

55) 明らかに，第 1 類は線分 FG，第 3 類は 2 個の半直線 FA…および HY…，第 2 類は F, G を焦点とする双曲線，第 4 類は F, H を焦点とする楕円となる．

56) 実のところ，この区別が必要なのは，本文がただちに示すように，第 1 類と第 2 類の卵形線だけである．

57) 第 2 巻 注 53) を参照．

58) PQ を第 1 卵形線の第 2 の部分における 1 法線とするとき［G 図］，sin ∠P1F/sin ∠P1G＝A5/A6 であり，p. 72, l. 7〜11，および p. 73, l. 1〜4 についても同様である．さて，『屈折光学』第 2 講に述

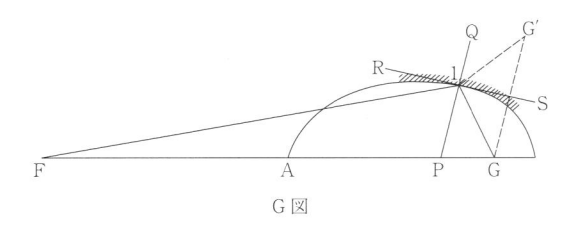

G 図

べられた屈折の説明（第2巻 注54）参照）を拡大解釈すれば，G図の鏡（斜線で示す）は，Gから来た光線の力 $f$ を「A5とA6の比に従って減じつつ」（すなわち $f \cdot A6/A5$ としつつ）反射していることになる．デカルトはすべての卵形線においてFとG（またはH）を通る光線（必要に応じ径路を延長して）を考えようとしたため，このような現象——擬反射とでも言おうか——を想定したのである．

59) G, p.359 には «X2» とあり，S₁, p.64 において «2X2» とされた．

60) «les conuerses ou les contraires». 論理学的な逆や裏ではなく，屈折に関して，（ⅰ）光が逆行する場合，および（ⅱ）媒体を互いに置きかえた場合を指すのであろう．（ⅰ, ⅱ のどちらが «conuerses» と呼ばれ，どちらが «contraires» と呼ばれているかは明らかでないが．）ⅱ 自体に順行と逆行のふたつの場合があるから，卵形線による屈折に関してデカルトが上に述べた各命題にたいしてさらに3個の命題が考えられるが，『屈折光学』第8講において楕円と双曲線に関して述べられたところにならって，これらの新しい命題を立てることは容易である．ただし，第2巻 注58）で見た「擬反射」について光の逆行を考えることは困難であろう．この場合は，Gの鏡像 G′ をとって得られる屈折 G′→1→F を基準にとることになるであろう．

61) p.63, l.14 を見よ．

62) 『屈折光学』の「第8講」，「第9講」などをさすのであろう．「望遠鏡」«lunetes» とは反射式の対物レンズをさすと解する．

63) 『屈折光学』の「第10講」を見よ．

64) この作図法はむろん正しくない．ねじれ曲線に垂直な直線は無数に存在するばかりでなく，ここで作者が与えている直線は特殊の場合にしか条件を満たさない．

訳　注

### 第3巻

1) p. 30, l. 24～p. 32, l. 9 を見よ．
2) YA$=a$, YC$=x$, CD$=y$ とすれば, AD の方程式は $x^4=a^2(x^2+y^2)$. デカルトの曲線分類法においては, 3次および4次の曲線は第2類に属する. p. 32, l. 24～p. 33, l. 2 を見よ．
3) p. 114, l. 8～16 を見よ．
4) 一般に器具 XYZ によって $n$ 個の比例中項を求める場合の曲線の方程式は $x^{2n}=a^2(x^2+y^2)^{n-1}$ であるが, デカルトはのちに4個の比例中項は3次曲線を用いて作図しうることを示す (p. 130, l. 4～p. 131, l. 7). より多数の比例中項の作図法には彼はまったく言及していないが, たとえば6個の場合は $x^7=a^6b$ を解くことに帰着するから, 8次方程式の根と同様, 4次曲線を用いて作図しうる, あるいはさらに4次曲線を必要とすると考えていたのではあるまいか. しかしフェルマは, この場合には3次曲線があればたりることを1660年に示した (F, I, p. 127～128, Ⅲ, p. 117). なお, 第3巻 注44) を参照.
5) 目下の段階では実根しか扱われていないところから, 次数と同数の根が「ありうる」という表現は, 虚根を排除するものと考えられるかもしれないが, これはむしろ「異なる根」という語に関係づけて, 等根を1個に算えるものと解する方がよいであろう. なぜならば, p. 95, l. 15～17 において, 虚根も根に算えられることになるからである. いずれにせよ, ステヴィンの高弟ジラール Albert Girard (1595-1632) は, すでに『代数学新説』において, $n$ 次の代数方程式は, 虚根 «solution enveloppée» をも含めて $n$ 個の根をもつことを述べていた (*Invention nouvelle en l'algèbre*, Amsterdam, 1629, théorème 1).
6) «fausses, ou moindres que rien». すなわち負根であるが, ついで見るように (たとえば p. 86, l. 4), デカルトは「負根 $-5$」と言わないで「偽根5」と言う. このように根の絶対値のみを考えるところから, 彼の議論は時として煩雑にならざるをえなかった. 特に p.

89, l. 10〜13 を見よ．

7) 最後の5は偽根である．スホーテンは，翻訳では原文に忠実を期したが（S₁, p. 78; S₂, p. 70），注釈中では「−5」と記している（S₁, p. 240; S₂, p. 284）．

8) いわゆるデカルトの符号規則である．カルダノは *Ars magna arithmeticae* の第18章（C₁, IV, p. 323）において，或る特殊な表現によってではあるが，実質的に次のことを述べていた．「$x^n \pm a_1 x^{n-1} \pm \cdots \pm a_n = 0$（$a_r$ は負でない整数）において，相続く項の符号が1回だけ変わるならば，この方程式はただ1個の正根をもち，符号が2回以上変わるならば，2個以上の正根か，虚根をもつ．」デカルトはカルダノのこの指摘を知っていたとカントルは想像しているが，確証はない（Moritz Cantor, *Vorlesungen über Geschichte der Mathematik*, vierter Auflage, Leipzig-Berlin, Teubner, 1922-24, II, S. 796）．なお，第3巻 注16) を参照．

9) 項が欠けていることをデカルトは星印で示している．この記号法の生命は意外に長く，1770年頃までかなり頻繁におこなわれたばかりか，その後も散発的に用いられた．

10) G, p. 375 には正しく «en augmentant» とあるが，AT, VI, p. 448 は «en diminuant» と誤記している．

11) この方程式は p. 106, l. 15 でふたたびとりあげられる．

12) この方程式は p. 104, l. 8 でふたたびとりあげられる．

13) 「真根」という条件は不要であり，スホーテンは単に「根」と訳している（S₁, p. 84; S₂, p. 75）．G においても見出しには単に「根」とあることに注意しよう．

14) «nombres sours». 根号のついた無理数，すなわち不尽根数．直訳すれば「無音数」で，ピタゴラス以来，音楽理論がギリシアの数学中で大きな役割を担っていた名残りと言われる[*]．

15) AT, VI, p. 453 は第3項の未知数を $x$ と誤記している．

16) 「実」「虚」の原語は現在どおり «réelles», «imaginaires» で，imaginaire という語をこの意味に用いることはデカルトに始まると

訳　注

言われる．彼は虚数を含む根にも正負の別を考えているようである．この区別はおそらく，さきの「符号規則」(p. 87, l. 2～5) と合致するように定められたのであろう．AT, V, p. 397 を参照．

17) AT, VI, p. 455 の脚注に言うとおり，この行のふたつの数「16」には符号 − をつけるべきであろう．

18) 以下にデカルトが述べる 4 次方程式の解法は，ヴィユマンの言うとおり，未定係数法によって得られたと考えるのが最も自然であろう (Jules Vuillemin, *Mathématiques et métaphysique chez Descartes*, Paris, P. U. F., 1960, p. 163～164).

$x^4+px^2+qx+r=0$ が与えられたとして (P. 100, l. 1)，これがふたつの 2 次方程式

$(\alpha)$　　　　　　$x^2+yx+g=0, \ x^2+hx+k=0$

に分解されたと仮定すれば，

$x^4+(y+h)x^3+(yh+g+k)x^2+(yk+gh)x+gk=0$

となるから，与えられた方程式と係数を比較して，

(1) $y+h=0$,　(2) $yh+g+k=p$,
(3) $yk+gh=q$,　(4) $gk=r$.

(1) から (5) $h=-y$．これを (2) (3) に代入して，(6) $g=\frac{1}{2}\left(p+y^2-\frac{q}{y}\right)$ (7) $k=\frac{1}{2}\left(p+y^2+\frac{q}{y}\right)$ を得る．これを(4)に代入して，$\frac{1}{4}\left\{(p+y^2)^2-\frac{q^2}{y^2}\right\}=r$．分母を払い，整理して，

$y^6+2py^4+(p^2-4r)y^2-q^2=0$ (p. 100, l. 2～11).

また，(5) (6) (7) を $(\alpha)$ に代入すれば，

$x^2+yx+\frac{1}{2}\left(p+y^2-\frac{q}{y}\right)=0, \ x^2-yx+\frac{1}{2}\left(p+y^2+\frac{q}{y}\right)=0$

(p. 102, l. 2～11).

19) 記号 . は今日の複号 ± に相当する．デカルトは，1638 年には，この目的のために記号 ⊨ を用いることになる (AT, II, p. 425～426).

20) 「−8」と言うべきであるが，結果には無関係．

21) G, p. 386 には星印が欠けており，S₁, p. 91 において補われた．
22) p. 91 の最下部を見よ．
23) p. 91, l. 8 を見よ．
24) p. 104, l. 15〜17 においては他の2根
$$-\frac{1}{2}\sqrt{a^2+c^2} \pm \sqrt{-\frac{1}{2}a^2+\frac{1}{4}c^2-\frac{1}{2}a\sqrt{a^2+c^2}}$$
が省略され，p. 105, l. 2 においては他の3根が省略されている．なお，p. 106, l. 18 を見よ．
25) 『数学集録』第7巻，命題71, 72 (P₁, II, p. 781〜784; P₂, p. 205 verso〜207 recto; P₃, II, p. 605〜608). その内容を要約すれば，正方形 ABDC (第23図) の辺 AC の延長上に任意に点 E をとり，BE に垂線 EG を立てて，BD の延長と G で交わらせれば，$CD^2+EF^2=DG^2$ (命題71). ゆえに $DG=DN$ にとれば，$BD^2+EF^2=DN^2$ から，$EF=BN$ (命題72).
26) p. 91, l. 5〜92, l. 2, および p. 105, l. 2 を見よ．p. 104, l. 15, 17 の2根に $\frac{1}{2}a$ を加えたものの値は常に正である．そのうち $a$ より小となるもののみが解としてとられた．
27) 以下 p. 111, l. 8 までに述べられる作図法の発見は，1620年以前にさかのぼる (AT, X, p. 253). ミロォは，1619年11月10日における「三つの夢」の体験ののち，翌年3月はじめまでの間に，ウルムの「炉部屋」で発見されたものと考え，おそらくはメナイクモスによる2個の比例中項の挿入法，すなわち2個の円錐曲線を用いる方法に示唆されて，次のように解いたものと想像している．(1) $z^4+pz^2+qz+r=0$ が与えられたとき，(2) $z^2=y$ とおけば，$z^2+y^2+qz+(p-1)y+r=0$ から，(3) $\left(z+\frac{q}{2}\right)^2+\left(y+\frac{p-1}{2}\right)^2=\frac{q^2}{4}+\frac{(p-1)^2}{4}-r$. すなわち，(1)の実根は放物線(2)と円(3)の交点の $z$ 座標によって与えられる (Gaston Milhaud, *Descartes savant*, Paris, Félix Alcan, 1921, p. 76〜78). (方程式の第2項の消去については，デカルトはすでに1619年のはじめ，3次方程式に関して成功してい

た．AT, X, p. 244～245 を見よ．）

　実際，未定係数法によってこの作図を見いだすことがいかに容易であっても，この時期のデカルトに同じ操作を想定することはできない．なぜならば，もしそうであったとすれば，同じ解法をより高次の方程式にまで及ぼすのに彼が手間どったはずはなく，したがって，たとえば6次方程式に関し，p. 122, l. 22～p. 125, l. 6 に用いられる3次曲線を当時彼は考えていなかったとしても，そのことは何ら問題の解決をさまたげなかったはずである．しかし，デカルトが1628年にベークマンに再会し，1619年以来の自分の発見を詳しく旧友に伝えたときも，4次方程式に関する上記の作図を大いに誇りながら（AT, X, p. 344～346），より高次の方程式について語った形跡はまったく認められないのである．

　けれども，この『幾何学』の執筆期には，未定係数法によるこの問題の解法を彼はすでに知っていたと思われる．というのも，一方で，彼は未定係数法の大きな有効性を自覚しており（p. 64, l. 12～17），他方，ここでは任意の円錐曲線を用いうると明言しているからである（p. 108, l. 11～15）．なお，第3巻 注40）を参照されたい．

　いずれにせよ，p. 109, l. 9～10 の「点 C に関して点 A と同じ側」のところ，スホーテン訳は「線 AC を C の方に延長した上に」と変えており（S₁, p. 96; S₂, p. 85），AT もこれを受けて「点 A に関して点 C と同じ側」と原文を読みかえることを脚注で要求しているが（Ⅵ, p. 465），いずれも正しくない．G, p. 391 以来の原文のままでよいのである．

28）　角の等分はウィエタの主要な研究目標のひとつであり，事実また，これに関する彼の成果には著しいものがあった．まず彼は『記号計算術についての第1ノート』*Ad logisticem speciosam notae priores*（1631）において，正弦・余弦の加法から出発して $\sin m\alpha$, $\cos m\alpha$ を $m=2, 3, \cdots, 5$ の場合について計算したうえ，一般に $(\cos\alpha+\sin\alpha)^m$ を $\cos\alpha$ の降巾順に展開するとき，奇数番目の項を

とって符号を交互に＋，－としたものは $\cos m\alpha$ に等しく，偶数番目の項をとって同様にしたものは $\sin m\alpha$ に等しい，という意味のことを述べていた（V, p. 33～37）．ド・モアヴルの定理 $(\cos \alpha + i \sin \alpha)^m = \cos m\alpha + i \sin m\alpha$ の先駆である．さらに，論文『角の分割について』 *Ad angulares sectiones* において上記の考察を発展させたウィエタは，一般に $\sin(2n+1)\alpha$ を $\sin \alpha$ の多項式としてあらわし，その一例として本書の p. 114, l. 22 に見える等式を与えるとともに，p. 116, l. 15～17 に述べられることをも指摘している（V, p. 301）．詳しくは第3巻 注43）を見られたい．

29） 根と係数の関係から明らかである．

30） ウィエタは『幾何学補遺』 *Supplementum geometriae* (1593) において，逆にすべての3次および4次の方程式は，これらふたつの問題によって「説明される」ことを結論していた（V, p. 257）．

31） p. 100, l. 1～p. 102, l. 14 を見よ．

32） p. 90, l. 12～17 を見よ．

33） «Scipio Ferreus» とあるのは，ボロニャの数学者 Scipione del Ferro (1465?-1526)．カルダノは *Ars magna* (1545) の第11章で，$z^3 + pz = q$ ($p, q > 0$) の解法はこの人によって「約30年前」に発見されたことを告げたのち，みずからその証明をおこない，また，続く第12章で $z^3 = pz + q$ の解法を論じている．いずれの場合も，解は「規則」として文章で述べられているのであるが，その表現はデカルトが p. 119, l. 12～18 で述べるものとは異なっている（$C_1$, IV, p. 249～251; $C_2$, p. 96～103）．なお，第3巻 注35）をも参照．

34） p. 116, l. 17～18 を見よ．

35） むろん絶対値がとられている．デカルトは根の符号を変えて第3の場合を第2の場合に還元しているのであるが，カルダノ自身は，前掲書（第3巻 注33））の第13章で，第2の場合の解を $\alpha$ とすれば，第3の場合の解は $\dfrac{\alpha}{2} \pm \sqrt{p - 3(\alpha/2)^2}$ であると述べている（$C_1$, IV, p. 251～253; $C_2$, p. 104～109）．

36） p. 21, l. 15～17, p. 47, l. 22～p. 50, l. 17 を見よ．

37) p. 20, l. 20〜p. 25, l. 17, および p. 27, l. 4〜5 を見よ.
38) p. 92, l. 5〜p. 93, l. 3 を見よ.
39) p. 93, l. 5〜19 を見よ.
40) 以下 p. 125, l. 6 までに述べられる作図は,そこにあらわれる量の表現の複雑さからみても,4次方程式の場合（p. 109, l. 5〜p. 111, l. 7）とは異なり,もともと未定係数法によって得られたものと思われる.実際,$\overrightarrow{BD}$ を $x$ の正の軸,$\overrightarrow{BA}$ を $y$ の正の軸にとり,$BA=b$,$ED=c$,放物線 CDF の通径 $=n$（p. 123, l. 2）とおけば,「第2類の放物線」QCN の方程式は $y^3-by^2-cny+bcn+nxy=0$ となる（p. 55, l. 21）.（ただし,この曲線には p. 48 の第10図における分枝 $n$IO をも加えねばならない.第29図にはこれが欠けている.）他方,円 I の方程式を $(x-\alpha)^2+(y-\beta)^2=R^2$ とし,両方程式から $x$ を消去して得られる6次方程式の係数を,p. 122, l. 20 に与えられた方程式の係数と比較するとき,次の諸関係が得られる.

(1) $p=2b$,
(2) $q=b^2-2(cn-n\alpha)+n^2$,
(3) $r=-2\{bcn+(bcn-bn\alpha)\}+2n^2\beta$,
(4) $s=(cn-n\alpha)^2-2b^2cn-n^2(R^2-\beta^2)$,
(5) $t=2bcn(cn-n\alpha)$,
(6) $v=b^2c^2n^2$.

(1)から,$b=\dfrac{p}{2}$（p. 122, l. 24）.(6)から,$\sqrt{v}=bcn$, $c=\dfrac{2\sqrt{v}}{pn}$（p. 124, l. 1）.(5)(6)から,$\dfrac{t}{\sqrt{v}}=2(cn-n\alpha)$, $\alpha=c-\dfrac{t}{2n\sqrt{v}}=\dfrac{2\sqrt{v}}{pn}-\dfrac{t}{2n\sqrt{v}}$（p. 124, l. 9〜10）.(2)から,$q=\dfrac{p^2}{4}-\dfrac{t}{\sqrt{v}}+n^2$, $n=\sqrt{\dfrac{t}{\sqrt{v}}+q-\dfrac{p^2}{4}}$（p. 123, l. 1）.(3)から,$r=-2\left(\sqrt{v}+\dfrac{p}{2}\times\dfrac{t}{2\sqrt{v}}\right)+2n^2\beta$, $\beta=\dfrac{r}{2n^2}+\dfrac{\sqrt{v}}{n^2}+\dfrac{pt}{4n^2\sqrt{v}}$（p. 124, l. 12）.(4)から,$s=\left(\dfrac{t}{2\sqrt{v}}\right)^2-2\times\dfrac{p^2}{4}\times\dfrac{2\sqrt{v}}{p}-n^2(R^2-\beta^2)$, $R^2=\left(\dfrac{t}{2n\sqrt{v}}\right)^2+\beta^2-\dfrac{s+p\sqrt{v}}{n^2}$ （p.

124, l. 10～15).すなわち,デカルトの作図が完全に確認された.すでに第3巻 注27) に記した理由により,この作図の発見は 1628 年以後にちがいないが,正確な時期はわからない.

41) E は BV と AC の交点である.第 30 図にはこの点の指示が欠けている.

42) AT, VI, p. 483 の脚注に見えるとおり,この部分には「4 個の比例中項を見いだすこと」という見出しがあってよいであろう.「詳細目次」の最後を参照.

43) 第 3 巻 注 28) の前半に記したところによって $\sin(2n+1)\alpha$ は $\sum_{i=0}^{n} a_i \sin^{2i+1}\alpha$ の形をもつことになり,これを 0 に等しいとおけば $\sin^2\alpha$ の $n$ 次式が得られる.ところで,デカルトが 1632 年の春にメルセンヌから送られたウィエタの「解析の書物」(AT, I, p. 245) は,前記の『第 1 ノート』を含むものであったと見られるから (*Correspondance du P. Marin Mersenne*, III, Paris, P. U. F., 1946, p. 296, n. 1),もし彼がこの書物を注意ぶかく読んだのであれば,そのときすでに正 $(2n+1)$ 辺形の作図は $n$ 次方程式を解くことに帰着することを知りえたであろう.論文『角の分割について』は,半径 1 の円弧を等分したうえ,次のように結論している.すなわち,

$$2\cos 2n\alpha = \sum_{i=0}^{n}(-1)^i a_{2n,i}(2\sin\alpha)^{2i}$$
$$2\sin(2n+1)\alpha = \sum_{i=0}^{n}(-1)^i a_{2n+1,i}(2\sin\alpha)^{2i+1}$$
$(n \geq 1)$

であって,ここに $a_{2n,0}=2$, $a_{2n,n-1}=2n$, $a_{2n,n}=1$. $a_{2n+1,0}=a_{2n+1,n-1}=2n+1$, $a_{2n+1,n}=1$. そのほか一般に $a_{2n,i+1}+a_{2n+1,i}=a_{2n+2,i+1}$, $a_{2n+1,i+1}+a_{2n+2,i+1}=a_{2n+3,i+1}$ (V, p. 299～300).これにより,たとえば $m=5$ の場合,デカルトの表現法 (p. 114, l. 19～21) によれば,$5z-5z^3+z^5=q$ となる (V, p. 301).

44) ここに 7 次以上の 1 元方程式の実根の作図についてデカルトの言おうとしていることは,さきの第 3 巻 注 27), 40) によって理解されるであろう.フェルマは,1660 年に至り,さらに巧みな工夫に

よって，一般に $(2n-1)\sim 2n$ 次の問題は 2 個の $n$ 次曲線（ただし，一方の未知数について $n$ 次，他方について $2\sim 1$ 次）を用いて解きうることを明瞭に示したばかりでなく，場合によってはより低次の曲線でたりることを示した（F，I，p. 118～131，III，p. 109～120）．

## 補　注

(*) p. 32, l. 9. この器具は，1619-21 年のデカルトの手記中にすでに見られる（AT, X, p. 234, 238～240）．彼はそこで，この器具を 2 個の比例中項の発見に用いたばかりでなく，3 次方程式 $x^3=x+a$, $x^3=x^2+b$ ($a$, $b>0$) を解くためにも使っている．第 2 の方程式の解き方は，誤ってはいるが，容易に訂正しうるものである．

この器具は，他方で，エラトステネス（紀元前 276?-195?）が考案したとユウトキオスやパップスの伝える器具を思い出させる（*Archimedes opera omnia edidit J. L. Heiberg*, III, Lipsiae, in Aedibus B. G. Teubneri, 1915, p. 89～97; P₁, I, p. 56～58; P₂, p. 5 recto-verso; P₃, I, p. 40～42）．3 個の合同な矩形 $A_iC_i$ ($i=1, 2, 3$) の底 $B_iC_i$ が定木 $B_1E$ 上を滑るとする（H 図）．$C_3D_3$ 上に長さ $C_3A'_4$ が与えられたとき，辺 $C_iD_i$ と対角線 $C_{i+1}A_{i+1}$ ($i=1, 2$) の交点 $A'_{i+1}$ が直線

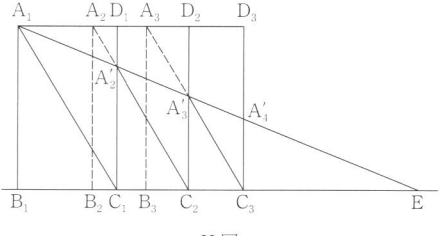

H 図

$A_1A'_4$ 上に来るようにすれば，$C_iA'_{i+1}$ が $B_1A_1$ と $C_3A'_4$ の間の 2 個の比例中項になるというもので，このためには 3 個の矩形中の 2 個を別々に動かすとされている．デカルトの器具にあっては，これに反し，運動は「互いに連係していて最後の運動はそれに先だつ諸運動によって完全に規制され」(p. 29, l. 22～23) ているわけである．(もっとも，エラトステネスの器具にあっても，そのように工夫することは可能であるが．)

(*) p. 45, l. 19. AT, VI, p. 405 は第 2 式の等号を ＝ と誤記している．

(*) p. 54, l. 2. G はこのあたりに本訳書の第 13 図をかかげたうえ，p. 55, l. 6 以下に第 11 図を置き，p. 56, l. 9 以下で第 13 図を反復しており (p. 342～344)，AT もこの配置を踏襲している (VI, p. 414～416)．しかし，スホーテンは最初に第 11 図を置くように改めており ($S_1$, p. 46, $S_2$, p. 40)，実際この方がよいと思われるので，私もこれに従った．

(*) p. 75, l. 3．〔 〕内の符号は私がおぎなったのであるが，これは脱落と見るべきものではない．一体に文献 G においては，多項式の第 2 項以下に分数表現をもつ項があり，その分子がさらに多項式であるとき，分数表現の前には符号 ＋ が見られない．初出の例について言えば，p. 39, l. 13 の式の右辺は $2my - \dfrac{2n}{z}xy \dfrac{+bcfglx - bcfgxx}{ez^3 - cgzz}$ と書かれていたのであり (G, p. 326, ただし符号 ＋, － の形はすこし異なる)．p. 38, l. 7 のような積みあげ方式を考え合わせるならば，これはこれなりに合理的な表現と言える．しかし，AT はこれを現代的な表現に改めており，実際 G の表現にはわかりにくさも生じてくるので，私も AT に従った．ただし今の場合は，分子の第 1 項が符号 － を帯びており，おそらくはそのために，AT, VI, p. 433 自体が G の表現 (p. 361) に帰っているのである．

(*) p. 78, l. 7. AT, VI, p. 436 は，«aprés auoir ainsi ‹cherché› le point H» と，G, p. 364 に ‹ › 内の語をおぎなっている．

訳　注　　　　　　　　　　　　　　　　　　165

(\*)　p. 92, l. 16. AT, VI, p. 451 は $y^6$ を $y^3$ と誤記している．なお，第5項の未知数は，G, p. 378 においても，$yy$ でなく $y^2$ と記されている．

(\*)　第2巻 注36)．p. 50, l. 17～22 の条件を満足する曲線は，任意の平行座標系に関して次のようにあらわされる．

(1)　　　$(x-\alpha y-a_1)(x-\alpha y-a_2)(\beta x+y-a_5)$
　　　　　$=l(x-\alpha y-a_3)(x-\alpha y-a_4)$．

ここに $a_1, \cdots, a_4$ は平行な直線 $l_1, \cdots, l_4$ が $x$ 軸を切る点の $x$ 座標，$a_5$ は残る直線 $l_5$ が $y$ 軸を切る点の $y$ 座標である．いま，同じ座標系に関し，2次曲線

(2)　　　$Ax^2+Bxy+Cy^2+Dx+Ey+F=0$

の $y$ 座標を $\dfrac{m^2}{y}$ に置きかえたものが曲線(1)と一致するための条件を求めれば，$\alpha=\beta=0$，すなわち $x$ 軸は $l_5$ と平行，$y$ 軸は $l_1, \cdots, l_4$ と平行であることが知られ，また，$a_5=-l$ であって，(2)は次の形をもつことが知られる．

(2)′　　　$x^2+\dfrac{(a_1+a_2-a_3-a_4)a_5}{m^2}xy-(a_1+a_2)x$
　　　　　$-\dfrac{(a_1a_2-a_3a_4)a_5}{m^2}y+a_1a_2=0$

この曲線(2)′の $x$ 座標がアポロニウス的な意味での「縦線」すなわち「直径に規則正しく立てられた線」（第2巻 注19）を与えるためには，(2)′は放物線として $x^2-py-pb=0$ の形をもたねばならず，したがって $a_1+a_2=a_3+a_4=0$ でなければならない．さらに，(2)′の $y$ 座標が同じ意味での「横線」すなわち「頂点に始まる直径の部分」を与えるためには，$pb=a_1{}^2$ から，$a_1=a_2=0$ でなければならない．したがって，p. 50, l. 22～p. 51, l. 1 の一般的陳述における「縦線」「横線」という語は，求める曲線についてはもとより，円錐曲線についても，単に $x$ 座標，$y$ 座標の意味に解さねばならない．

(\*)　第3巻 注14)．おそらく 1638 年にデカルトに近い人が『幾何学』にたいする序論として書いたと考えられる小作品『デカルト氏

の計算法』には,次のように説明されている.「ある平方数の根を出すことができない場合には,その数を $\sqrt{\phantom{x}}$ という vinculum（絆）のなかに入れて,そのものを根として扱うべきことを示し,この根を quantité sourde と呼ぶ,云々」(AT, X, p. 667).

# 「幾何学」詳細目次

## 第1巻　円と直線だけを用いて作図しうる問題について

算術の計算は幾何学の操作にどのように関係するか ………… 7
乗法，除法，平方根の抽出はどのようにして幾何学的におこなわれるか ……………………………………………………… 8
幾何学においてどのように記号を用いうるか ………………… 9
問題を解くに役立つ等式にどのようにして到達すべきか …… 10
平面的な問題とは何か，またそれはどうして解けるか ……… 12
パップスから取った例 …………………………………………… 16
パップスの問題にたいする答 …………………………………… 20
この例において方程式に達するためには，どのように項を立てるべきか ……………………………………………………… 23
6本以上の線が提出されていないとき，この問題が平面的であることをどうして見いだすか ………………………………… 25

## 第2巻　曲線の性質について

幾何学に受けいれうる曲線はどのようなものか ……………… 28
これらすべての曲線をいくつかの類に分け，そのすべての点が直線の点にたいしてもつ関係を知る方法 ………………… 32
前巻で述べたパップスの問題の説明の続き …………………… 36
この問題が単に3線ないし4線に関して提出された場合の解
　……………………………………………………………………… 37
この解の証明 ……………………………………………………… 44
平面軌跡，立体軌跡とは何か，また，それらすべてを見いだす方法 ………………………………………………………… 46
古代人の問題が5線に関して提出されたとき，それに役立つ

すべての曲線のうち，最初の最も単純なものは何か ……… 47
多くの点を見いだしつつ描く曲線で，幾何学に受けいれうる
　のはどのようなものか ……………………………………… 51
紐を使って描く線であっても，幾何学に受けいれうるのはど
　のようなものか ……………………………………………… 52
曲線のすべての性質を見いだすためには，そのすべての点が
　直線の点にたいしてもつ関係を知り，また，その曲線上の
　すべての点でこれを直角に切る他の線をひく方法を知れば
　十分であるということ ……………………………………… 52
与えられた曲線，またはその接線を直角に切る直線を見いだ
　す一般的方法 ………………………………………………… 53
楕円および第2類の放物線に関するこの操作の例 ………… 54
第1類[*]の卵形線に関する他の例 …………………………… 56
コンコイドに関する本問題の作図の例 ……………………… 64
光学に役立つ新しい卵形線4類の説明 ……………………… 65
反射および屈折に関するこれらの卵形線の性質 …………… 71
これらの性質の証明 …………………………………………… 73
一方の表面が望むだけ凸または凹でありながら，与えられた
　1点から来たすべての光線を与えられた他の1点に集める
　レンズを，どのようにして作りうるか …………………… 76
前のレンズと同じ効果をもちながら，一方の表面の凸出度が
　他の表面の凸出度または凹入度と与えられた比をもつもの
　を，どのようにして作りうるか …………………………… 79
平面上に描かれた曲線について上に述べたすべてのことを，
　3次元をもつ空間内あるいは曲面上に描かれた曲線に，ど
　のようにして及ぼしうるか ………………………………… 82

---

　(*)　原文には「第2類」と誤記されている(AT, VI, p. 512).

## 第3巻 立体的またはそれ以上の問題の作図について

各問題の作図にどのような曲線を使いうるか …………… 83
多くの比例中項を見いだすことに関する例 …………… 83
方程式の性質について …………… 84
各方程式には何個の根がありうるか …………… 85
偽根とは何か …………… 85
根のひとつを知ったとき，どのようにして方程式の次数を減じうるか …………… 86
或る与えられた量が1根の値であるかいなかをどのようにして調べうるか …………… 86
各方程式には何個の真根がありうるか …………… 87
偽根を真根とし，真根を偽根とするにはどうするか …………… 87
方程式の根をどのようにして増減しうるか …………… 88
このようにして真根を増すと偽根は減ずるということ，またはその逆 …………… 89
方程式の第2項をどのようにして除きうるか …………… 90
真根を偽としないで偽根を真とするには，どうすればよいか …………… 92
方程式のすべての場所をどのようにして満たすか …………… 93
方程式の根にどのようにして乗除を施しうるか …………… 93
方程式中の分数をどのようにして除くか …………… 94
方程式の1項の既知量を任意の他の量に等しくするにはどうするか …………… 95
真根も偽根も実か虚でありうるということ …………… 95
問題が平面的である場合の立方方程式の単純化 …………… 96
方程式をその根を含む2項式で割る方法 …………… 97
方程式が立方的である場合，どのような問題が立体的か …… 99
問題が平面的である場合における，4次元をもつ方程式の単純化．また，立体的な問題はどのようなものか …………… 99

| これらの単純化の用例 | 105 |
| 平方の平方を越えるすべての方程式を単純化するための一般的規則 | 107 |
| 3ないし4次元をもつ方程式に還元された，あらゆる立体的な問題を作図するための一般的方法 | 108 |
| 2個の比例中項を見いだすこと | 114 |
| 角の3分 | 114 |
| すべての立体的な問題は，これらふたつの作図に還元されうるということ | 116 |
| 立方方程式，さらに平方の平方までしかのぼらないすべての方程式のすべての根の値をあらわす方法 | 119 |
| 立体的な問題が円錐曲線なしには作図されえず，また，より複雑な問題がより複雑な他の線なしには作図されえないのはなぜか | 120 |
| 6次元以上をもたない方程式に還元されたすべての問題を作図する一般的方法 | 122 |
| 4個の比例中項を見いだすこと | 130 |

## 解　説

訳　者

　「幾何学」は，作者自身の言葉によれば，おおむね「気象学」が印刷されている間に書かれ，その間に新しく考え出された部分もあるという（AT, I, p. 458)*．とすれば，この作品が執筆されたのは 1636 年 11 月と 1637 年 3 月の間ということになる．なぜならば，1636 年 10 月 30 日にデカルトがコンスタンチン・ホイゲンスにあてた手紙は，その時点でまだ「気象学」の印刷は始まっていないことを示しているし（ibid., p. 613)，他方，翌 1637 年 3 月 22 日，デカルトが同じ人に送った「荷物」は，すでに「方法序説」と 3 篇の「試論」を含む完本であったと考えられるからであり（ibid., p. 624)，さらに強く言えば，「気象学」は同月 3 日頃には一応印刷され終わっていたと想像されるのである（ibid., p. 623)．しかし，「気象学」の印刷中に「新しく考え出された部分もある」ということは，とりも直さず，「幾何学」の内容の大部分はすでに何らかの形ででき上っていたということであり，しかも，この新しい部分が何であったかは不明であってみれば，決定稿執筆の時期を知ることに

---

　＊　この「解説」中においても「訳注」の初めに記した文献の略号を用いる．

大した意味はない．以下さらに過去にさかのぼり，フェルマの『平面および立体軌跡序論』 *Ad locos planos et solidos isagoge* と並んで解析幾何学の誕生を示すこの作品の成立過程を辿ってみよう．といっても，残念ながら，この点に関して今日私たちが知りうることは意外に少ないのであるが，その僅かな知識によって判断するかぎり，この成立過程は三つの段階に分けることができるように思われる．第1段階は 1619 年の初め，22 歳のデカルトがブレダにおいてベークマン Isaac BEECKMAN（1588-1637）と交わった短い時期であり，「幾何学」の基本的な問題意識が形成された時期である．第2段階は同年暮から翌 1620 年の初めにかけて，デカルトがウルムまたはその近郊の「炉部屋」にこもり，彼の「方法」を樹立するとともに，幾何学と代数学との結合を志した時に始まる．そして第3段階は，オランダに移ったデカルトが，1631 年の末頃「パップスの問題」を解くことによって，2元方程式と平面曲線との対応を確立し，次数による曲線の分類を構想した時に始まる．

まず第1段階について．1619 年3月 26 日，デカルトはベークマンにあてて次のように書いている．

「ぼくは，連続量であれ非連続量であれ，任意の種類の量について提出されうるすべての問題を一般的に解くことを可能にするような，或るまったく新しい学問を作り出したいと思う．それも，各問題をその本性に応じて解

くのだ．算術において，或る問題は有理数によって解かれ，或るものはただ根数（第3巻 注14を参照）によって解かれ，また或るものは想像はされるが解かれないのと同様に，連続量においても，或る問題は直線か円周のみによって解かれ，或るものは，ただひとつの運動によって生じ新しいコンパスによって描かれうる他の曲線を用いなければ解かれず，——このコンパスも円を描く普通のコンパスに劣らず正確で幾何学的であるとぼくは考えるのだ——また或るものは，有名な円積線のように，互いに関連のない別々の運動によって生じ単に想像的であるにすぎない曲線を用いなければ解かれないということを，ぼくは証明したいと思う．そして，少なくともこれらの線によって解かれないようなものは想像しえないとぼくは考える．しかしぼくは，どの問題はかくかくの仕方で解かれ，他の仕方では解かれない，ということを証明するようになりたいのだ．こうすれば，幾何学中にもはや発見すべきものはほとんど残らないはずだ．これは際限のない仕事であり，ひとりの人間にできることではない．途方もなく野心的なことだ．しかしぼくは，何か或る光がこの学問の暗い渾沌を貫いて輝くのを見たのだ．この助けによって，最も深い闇をも散らすことができるとぼくは考えるのだ」(AT, X, p. 156〜158).

ここにはすでに，(1) 類型的な場合を一般的に解くとともに可能な場合をすべて包括する学問への強い志向を根底

として，(2) 解決に用いられる曲線による問題の分類，(3) ただひとつの運動によって生ずる曲線と新しいコンパスなど，「幾何学」を特徴づける幾つかの観念があらわれている．さらに(4)「別々の運動によって生ずる」超越曲線をも挙げることができるが，これは「幾何学」においては一旦言及されたあと排除されるものである（p.30, l.5～10）．(3) に関しては，デカルトは1619年の当時すでに，「幾何学」第6図（p.31）の器具を用いて3次方程式を解こうとしたほか（AT, X, p.234～240），角を等分するためのコンパスを考えていた（ibid., p.240～241）．いずれの器具においても，ひとつの運動が他のすべての運動を完全に限定するのである（p.29, l.21～p.30, l.1を参照）．角を等分するためのコンパスの方は，いわば余りにも便利な器具であって，数学的にはほとんど意味をもたないため，その後とりあげられることはなかったが，その開閉につれて器具の1点が描く曲線が考えられていたところから見て，第6図の点D, F, Hなどが描く曲線も，当時のデカルトの手記中には述べられていないが，すでに考えられていたと想像してよいであろう．けれども，当時のデカルトはまだ恐らくカルダノをもウィエタをも知らず，天才的な予感を抱きながらも，実力が伴わぬ時期であった．このときの夢を実現したと彼が信じうるまでには，さらに20余年の歳月が必要だったのである．

　第2段階におけるデカルトの思索の跡は，恐らく1628

年頃,『精神指導の規則』のうちに詳しく記録されたのち,「方法序説」の主として第 2 部に圧縮して記されている. すなわち彼は, 論理学と幾何学者たちの解析と代数学と,「この三つの学問の利点を含んでいながら, その欠点を抜きにした」方法を求め, 数学は「比例以外のものはほとんど考察しない」ことを見て,「比例を全般的に検討する」ため,「それを線において想定」し, また「簡潔ないくつかの記号によって明示」しつつ,「幾何学的解析と代数学との最良の部分をすっかり借りあげ, 一方の欠陥をどれもみなもう一方によって正そう」と考えたのである.

「幾何学的解析」Analyse géométrique という語に注意しよう. ふつう, ギリシア伝来の幾何学は総合的 synthétique と形容される. しかし, デカルトはそこにひそむ解析的なものに注目するのである.『規則』中にはこう書かれている.「古代の幾何学者たちが或る種の解析を用い, これをあらゆる問題の解決に及ぼしたことは確かであるが, それを後代には伝えなかった. そして今や, 古代人が図形についておこなったことを数について遂行しようとして, 代数学と称する一種の数論 Arithmetica が栄えている」(AT, X, p. 373). また,「この真の数学の幾らかの痕跡はパップスとディオファントゥスになおあらわれているように私には思われる.〔中略〕最後に極めて工夫力に富む何人かの人が出て, 今世紀に同じ術をよみがえらせようと努めた」(ibid., p. 376〜377). この「工夫力に富んだ人々」が名ざされていないのは残念であるが, ここで第一

に思いうかべられるのは当然ウィエタである．デカルトが当時この人の作品を読んでいたかいないかは別問題として，ウィエタ自身，すでにギリシア幾何学の解析的な面に留意していた．ギリシア数学の主流を「幾何学的代数」として性格づけるのはズウテン（第2巻 注52を参照）以来の定説であるが，ウィエタは早くもこの見解に到達していたとも言えよう．彼の logistica speciosa（記号計算法とでも訳そうか）は，ギリシア的な解析術を拡充するものとして提出されており，幾何学と代数学との結合もすでに彼において実現されていた．角の3等分および2個の比例中項の挿入が3次方程式を解くのと同等であることを彼が示したのは，その一例である（第3巻 注30）．したがって，デカルトが「幾何学的解析と代数学との最良の部分を借りあげ，一方の欠陥をもう一方によって正そう」としたのは，両者の単なる結合を一歩進めたものとは言えても，真の独創と言うには足らない．そしてまた，両者のこのような相互補完が直ちに解析幾何学を意味するわけでもないのである．

いずれにせよ，「方法」を樹立してから「2, 3か月」の間に，すなわち遅くとも1620年3月までに，デカルトは「以前ひじょうにむずかしいと判断していたかずかずの問題にけりをつけ，」「また終わりごろには，知らなかった問題でさえも，どんなやり方でどこまで解決できるかを自分で決められるように」思った，と「序説」中に書いている．これらの言葉が何を意味するかについては，ミロォが最も立

ち入った推察をおこなっているようであるが（*Descartes savant*, p.74〜84），まず，円と放物線を用いて4次方程式の実根を作図する方法（p.108, l.9〜p.114, l.6）の発見がこの時期のものであることは，デカルトがこれをウルムの数学者ファウルハーバー Johann FAULHABER（1580-1635）に語った事実によっておおむね確実であり，遅くとも1620年中にはこの発見がなされたと信じうる（AT, X, p.252〜253）．幾何学と代数学の結合には，幾何学にたいする代数学の適用と，代数学にたいする幾何学の適用の両面があり，これは後者の例であるが，この種の解法にはすでにギリシアに著しい先例がある．すなわち，ギリシアにおいては $x^3=2a^3$（立方体の倍化問題）を解くことは $a$ と $2a$ の間に2個の比例中項を挿入することに還元されたのであるが，メナイクモス（紀元前4世紀）は $2a$ を $b$ に一般化したうえ，次のように問題を解いた．$a:x=x:y=y:b$ とすれば，(1) $x^2=ay$，(2) $y^2=bx$，(3) $xy=ab$．よって放物線(1)(2)の交点，または放物線(2)と双曲線(3)の交点を作図すればよい（*Archimedes* [sic] *opera omnia edidit Heiberg*, III, p.78〜80）．その後アルキメデスはより複雑な3次方程式を同様な方法によって解いたことがユウトキオスによって伝えられている（ibid., p.152〜181; cf. *The Works of Archimedes, edited by T.L.Heath*, New York, Dover, p.65〜72）．デカルトはメナイクモスの解法から示唆を受けたとミロォは想像するのであるが（第3巻 注27），証拠はない．私としてはこの際，メナイクモスの解法

は, 結果として, むしろフェルマの考え方に近いということを指摘しておきたい. 求積に関して $y^m=k^{m-n}x^n$, $x^m y^n=k^{m+n}$ ($m, n$ は自然数で, $m>n$) という形の曲線に親しんでいたフェルマは, 解析幾何学においてもこれらを駆使するに至り, またこれによって, 曲線の分類や作図に要する曲線の次数の点でデカルトを批判することができたのである (第 2 巻 注 10, 第 3 巻 注 44). ミロォは次に, 或る種の接線決定法もこの時期に考案されたと見ている. これは座標軸上に与えられたと仮定された 1 点を中心として直線を回転させ, 曲線との 2 交点を一致させることに帰着し (AT, II, p. 132～134, 170～173), フェルマの接線決定法に近いものであるが, 極限の概念は含まない. ミロォはさらに,「幾何学」第 6 図の曲線 AD, AF, AH などに関する考察を挙げている. 第 1 段階の延長として, これは大いにありうることであるが,「幾何学」は比例中項の発見にこれらの曲線を用いることを, 方法論上の誤りとして退けるに至るのである (p. 83, l. 3～p. 84, l. 16).

1620 年の春に「炉部屋」を離れたデカルトは,「自分で決めた方法において自分を訓練しつづけ」た. その間の記録である『規則』は未完に終わっているが, 最後の 8 個の「規則」(第 14～第 21) は, すでに「幾何学」の序論ともなりうるものである. すなわち, その内容は, のちに述べる重要な一点を除き,「幾何学」の p. 11, l. 10 あたりまでに相当すると言ってよい. けれども, これに続く「パップスの問

題」などに関する考察（p. 16, l. 6〜p. 51, l. 10）は別とし，また，すでに見た4次方程式の根の作図法は別として，それ以外に「幾何学」中に記されていることがらについては，いつ作者がそれをみずから発見し，あるいは読書などによって学んだか，ほとんど知りえないのが実情である．「序説」によれば，デカルトは「自分の考えをどんなばあいにも，全般的に，この方法の規則に従って導くように心がけたほか，ときどき何時間かをとっておき，数学のむずかしい問題でこの方法を実際に使ってみるのに格別にその時間をあてた」．しかし，光学や気象学に関してはともかく，数学に関しては，1637年以前における彼の具体的な研究活動はほとんど知られていないのである．

それだけに，卵形線を扱った彼の遺稿（AT, X, p. 310〜324）はいよいよ貴重である．その冒頭の部分は，「幾何学」に述べられる法線決定法（p. 53, l. 25〜p. 64, l. 17）をすでに暗示しており，したがってまた，これに含まれる未定係数法をも作者がすでに知っていたことを思わせる．しかし，この冒頭は同時に，「逆接線問題」（接線の性質が与えられて原曲線を求める問題）を前にしての作者の困惑をも示している．実際，卵形線の発見は，今日知られているかぎり，逆接線問題の解決例として歴史上最初のものなのである．そして遺稿の第2部は，早くもこの解を与えている．しかし，作者がいかにしてそこに達したかという肝腎の点は明らかでない（第2巻 注53）．また，この重要な遺稿の執筆時期もさだかではない．ただ，そこに用いられて

いる記号法から見て,『規則』よりのちの作であることはまちがいないと思われる.

　デカルトは, 第 1 段階においては, ラ・フレシュの学院で学んだままの, 古い「コス式代数学」の記号法を用いていたが,「方法」にめざめた第 2 段階においてはどうであったか. ここで微妙な問題となるのは, 彼が前記ファウルハーバーと知り合った時期である. というのも, デカルトの別の遺稿『立体の要素について』 *De solidorum elementis* (AT, X, p.265〜276) はなおコス式記号によっているが, この作品はファウルハーバーとの交際の間に書かれたと見られるからである. ところが, ふたりが知り合った時期については, 1619 年 9〜10 月とする説と, 1620 年夏とする説とに分かれている. 前説が正しいとすれば, デカルトは「方法」の樹立と同時にコス式記号を捨てたということも考えうるが, 後説ではこの可能性は失われるわけである. いずれにせよ,『規則』中には新しい記号法があらわれるが, まだ「幾何学」のそれではない. 既知量を小文字 a, b, c などであらわし, 未知量を大文字 A, B, C などであらわそうとするものである (AT, X, p.455). ところが, 前述の卵形線に関する遺稿中には「幾何学」と同じく $x, y$ が用いられている. ここから, この作品は『規則』の執筆後, すなわち, 恐らく 1628 年後に書かれたと結論されるのである.

第3段階に移ろう．1631年の末頃ゴリウスがデカルトにパップスの問題を提出したことは，当のデカルトにとってのみならず，数学の歴史にとって劃期的な事件となった．デカルトはこの問題を解くのに6週間を要したと伝えられるが，翌1632年の初め，彼が改めてゴリウスに送った手紙（AT, I, p. 232〜235）は，「幾何学」第1巻に見る解の第2の部分（p. 21, l. 13〜24）を述べたうえ，次数による曲線の分類に言及している．ただし，ここでは次数が「単純な関係」simplices relationes という特異な語によって示されており，この語は「単に幾何学的比例のみを含む関係」を意味すると説明されている．思うに，これは「関係の数」という『規則』中の概念（AT, X, p. 455）を受けつぐものである．すなわち，幾何級数 $1, a, a^2, a^3, \cdots$ を考えるとき，その項，例えば $a^3$ は，1と $a$ の間，$a$ と $a^2$ の間，$a^2$ と $a^3$ の間に関係を含んでおり，こうして「関係の数」は巾指数に一致する．なお，このように1から $a^3$ に進む「直接的」な関係とは逆に，$a^3$ から1にさかのぼる「間接的」な関係を考えるとき，巾根の抽出は比例中項の挿入に帰着するわけである（p. 7, l. 18〜20）．のみならず，このゴリウスあての手紙には第1段階以来の運動の概念もあらわれており，求める軌跡は「単純な関係によって完全に決定される連続的運動によって描かれうる」と記されているところから見て，少なくとも最も単純な5線軌跡については，運動によるその生成法（p. 35, l. 9〜12, p. 47, l. 18〜p. 51, l. 5）がすでに考えられていたのではあるまいか．しかし，より

高次の代数曲線に関する同種の生成法については,「幾何学」自体にも立ち入った説明はまったく見られないのである.

　第3段階に関する明確な資料はこの手紙に尽きる. しかし, このことはもはや私たちをさしてさまたげない. この手紙はひとつの決定的なものを告げているからである. 解析幾何学の基礎はここに確立された. それは2元不定方程式と平面曲線との対応のほか, 座標軸設定の任意性と, それに関する曲線の次数の不変性を含意している (p. 34, l. 3～8). 他方フェルマにおいては,『軌跡序論』の着想は1629年頃にさかのぼるようである (F, II, p. 71～72, 94). いずれにせよ, この論文とその『付録』(F, I, p. 91～110) とは「幾何学」の刊行以前に執筆されていた (F, II, p. 134).『序論』は2元2次方程式が円錐曲線をあらわすことを系統的に論じ,『付録』は3次～4次方程式の根を2曲線の交わりによって作図する方法を, デカルトの解以上の一般性をもって論じている. しかし, この時期におけるフェルマの考察は, まだより高次の方程式——曲線には及んでおらず (求積は別とする), この点ではデカルトの方が大胆であった. 彼はパップスの問題を契機として, 一般に次数による曲線——問題の分類の可能性を看取し, 1619年以来の宿願を果たしたのである.

　ここで, ギリシア以来17世紀初頭までにヨーロッパ数学が辿ってきた大きな流れをふり返ってみるのも無駄では

あるまい．ギリシア数学がその主流において考察の対象としたものは，数よりも量であった．それは図形の大きさとして正の量であり，また3次元を越えないものであった．ディオファントゥス（3世紀なかばに活躍）はこの主流を離れて数を考察し，その方法は高度に解析的であったけれども，これはひっきょう例外だったのであり，ボイヤーの巧みな表現を借りれば，「ギリシアにおいて代数的幾何学が発達しなかった主な理由のひとつは，恐らく，彼らが幾何学的代数にとらわれていたことにある．要するに，自分の靴の紐をひっぱって自分の体を持ちあげることはできないのである」(Carl B. BOYER, *History of analytic geometry*, Scripta mathematica, Yeshiva University, New York, 1956, p. 9)．解析幾何学が生まれるためには新しい血，独立の代数学の発達が必要であった．それは中世に入って，インド，ビザンティウム，アラビアなどにおいて進められたのち，13世紀頃に西欧に伝えられ，16世紀に至って，主としてイタリアにおいて開花した．しかし，16世紀は同時にギリシア数学の古典が再発見された時期でもあって，ここに幾何学と代数学の結合が生じ，それはウィエタにおいて最高の形態に達したのである．

　他方，数学をその表現の面から見るならば，ギリシア数学は通常の文章による，いわゆる rhétorique な段階にとどまっていた．その後，中世以降の代数学において次第に表現の単純化が進められたが，ウィエタの logistica speciosa もまだ完全に記号的 symbolique なものではない．巾の表

現などに通常の語またはその短縮形を残し（第1巻 注5, 8），syncopé と称せられる中間的な段階を示している．

　ところで，幾何学と代数学の結合と言っても，ウィエタの場合，基本的に次のような不統一があったことに注意せねばならない．量の次元がもはや制限をもたないことは，代数学の勝利を意味している．しかし，多項式としては同次式しか認めない「斉次の規則」lex homogeneorum（第1巻 注4）は，幾何学の支配を示している．では，デカルトの場合はどうか．『規則』は，次元のいかんにかかわらず，すべての巾が「線または面としてのみ想像力に呈示されるべき」ことを定め，また，これらの巾は単位に始まる幾何級数の項にほかならないことを述べている（AT, X, p. 456～457)．「線または面」というこの2元性は，「幾何学」においては，「普通は単なる線」と改められた（p. 9, l. 12～15)．また，斉次の規則も「単位」——単位数ではなく単位の長さ——の導入によって一応破られた（p. 10, l. 1～6)．しかしこれは，実のところ「形式上の同次性を観念上の同次性に置きかえたものにすぎない」（BOYER, op. cit., p. 84)．こうして，量の統一的把握はなお不徹底であり，また同次性の条件自体は保存されているのであるけれども，ウィエタに比べ，また「斉次の規則」を守ったフェルマに比べて，デカルトが幾何学の数論化を一歩進めたことに間違いはない．

　ウィエタにより明らかに欠けていたものは，座標の概念および不定方程式の概念であった．座標の概念は，すでに

アポロニウスの円錐曲線論に存在したと言えなくはない．すなわち，「直径の部分」と「直径に規則正しく立てた線」は，円錐曲線の点の両座標を与えると言えなくはない（第2巻 注19）．けれども，この場合，座標軸はあくまでも曲線に付随するものであり，任意に設定されるものではなかった．任意の直交軸に関係づけられた縦線・横線の概念は，14世紀に至り，主としてオクスフォードのスコラ学者たちによる変化現象の量的研究において準備されたのち，世紀のなかばに，パリのオレーム Nicole ORESME（1330?-82）によって明確化され，それは同時に函数概念の導入でもあった（*De configurationibus qualitatum et motuum*）．しかし，これらの上に解析幾何学を築くためには，オレームの幾何学的知識は不十分であったし，また，デカルトがこの人から特に影響を受けたとも見えない．たしかに彼は，1619年，落体の研究に際してオレーム的な運動の図示法を用いた（AT, X, p.58〜61）．しかし，この研究は程なく放棄されたものである．彼が座標の概念を学んだのはやはり，当時の数学者にとって必須の知識であったアポロニウス流の円錐曲線論からであったろうし，この点はフェルマにおいても同様であったにちがいない．そして，ふたりにおいてはこれが不定方程式の概念に結びつき，ここに代数的な函数と変数——と言いたいがむしろ変量——の概念が生まれたのである．

　なお，表現の面について言うならば，代数学の記号化はステヴィン Simon STEVIN（1548-1620）などによって進め

られたほか，ハリオット，オウトレッド，エリゴーヌなどの工夫もあって（第1巻 注3, 5, 8），「幾何学」刊行の時期までに，ウィエタ的なシンコペイションはすでに克服されていた．もっとも，ここでもデカルトの名は大きく，$aa$, $\sqrt{C}.$, $\infty$ などを除き，「幾何学」中の記号が後世を支配して今日に及んでいるのである．

　最後に，「幾何学」以後におけるデカルトの数学上の業績に触れておこう．この作品の完成後，彼はもはやみずから進んで数学に向かうことはなかった．しかし，1639年の初めまで，人から求められるままに幾つかの問題を解き，依然たる力量を示している．

　(1) まず整数論上の成果がある．$m, n$ を自然数として，$n$ の約数（1および $n$ を含む）の和が $mn$ に等しいとき，$n$ を $m$ 倍完全数と呼ぶ．いま第 $i$ 番目の $m$ 倍完全数を $P_m^{(i)}$ であらわすことにすれば，デカルトは，1638年6月頃から翌年1月頃までの間に，フェルマ，サント・クロワ André JUMEAU, prieur DE SAINTE-CROIX, フレニクル Bernard FRENICLE DE BESSY (1605?-75) と競って，$P_3^{(4)}$, $P_4^{(1)}$, $P_4^{(2)}$, $P_4^{(3)}$, $P_4^{(4)}$, $P_4^{(5)}$, $P_4^{(6)}$, $P_5^{(1)}$, $P_5^{(3)}$ を見いだした（AT, II, p. 167, 250～251, 427～429, 475）．

　(2) サイクロイドの求積は，すでに1636年以前にロベルヴァルによっておこなわれていたと見られるのであるが，デカルトは，1638年5月27日頃および7月27日にメルセンヌにあてた手紙において，彼自身の解法を述べてい

る (ibid., p. 135～137, 257～263). やや複雑ではあるが, 興味ぶかい幾何学的解法である.

(3) ロベルヴァルは, 同じく 1636 年以前に, 運動の合成によってサイクロイドの接線を見いだしていたはずであり, フェルマも, 1638 年 8 月 5 日付メルセンヌあての手紙に彼自身の解を記して (F, t. d. suppl., p. 95～97), 彼の接線決定法が超越曲線にたいしても有効であることを示した. デカルトの場合は, 第 2 段階における接線決定法も,「幾何学」中の法線決定法も, 代数曲線にしか適用しえないものであったところから, ここでは新しい方法を探さねばならなかったが, 1638 年 8 月 23 日, 彼は瞬間的回転中心の概念を導入して巧みに目的を達した (ibid., p. 308～312). ここにデカルトが導入した概念 (第 2 巻 注 52 参照) は, 19 世紀末に至り, 現代的な運動幾何学の基礎に置かれることになる (A. MANNHEIM, *Principes et développements de géométrie cinématique*, 1894).

(4) 最後に, 1638 年の末頃ドゥボーヌ Florimond DEBEAUNE (1601-52) が提出した或る逆接線問題にたいし, デカルトは 1639 年 2 月 20 日の手紙において, 極めて注目すべき解を与えた (ibid., p. 514～517). これは微分方程式 $dy/dx = n/(y-x)$ を解くことに帰着するものであるが, 彼は, 座標変換 $X = n-(y-x)$, $Y = \sqrt{2}y$ をおこなえば求める曲線の $Y$ 軸上の接線影は一定であることを説明なしに述べたあと (実際 $Y = -\sqrt{2}n \log |X|$ となる), 独立な 2 個の運動を考えてこの曲線を描く方法を与えているが, そ

れは不等式

$$\frac{1}{m+1}+\frac{1}{m+2}+\cdots+\frac{1}{n}<\log\frac{n}{m}<\frac{1}{m}+\frac{1}{m+1}+\cdots+\frac{1}{n-1}$$

を用いて $\log(n/m)$ の値に接近することに帰着する．作者は求める曲線が対数曲線であることを知っていたかどうか，まったく不明であるが，いずれにしても，トリチェルリ Evangelista TORRICELLI（1608-47）が対数曲線の接線影の一定性を見いだしたのは最晩年のことであり，また，サン・ヴァンサン Grégoire DE SAINT-VINCENT（1584-1667）とサラサ Alphonse DE SARASA（1618-67）が双曲線的対数の概念に達したのは 1647～49 年であったことを思うとき，上記のデカルトの成果がいかほど時代にさきがけるものであったかが知られるであろう．

けれども，これを最後にデカルトはいよいよ深く哲学に専念し，周囲の人々も彼を数学にひきもどすことは不可能と悟ったのか，彼の著作にも手紙にも，もはや数学があらわれることはないのである．

この翻訳にあたっては，原則として AT の第Ⅵ巻を底本としたが，常時 G をも参照し，場合によっては，かえってこの方をとった．ほかに，$S_1$，$S_2$ を随時参照した．

G と AT との大きな相違は行の変え方であって，AT は文中の数式を極めてしばしば改行して示している．この方が確かに読みやすいので，私もほとんど常にこれに従ったが，特に読みやすさも期待されない場合は G に従った．い

ずれにせよ，これは単に形式上のことであるから別とし，また付図に関して次に記すことは別として，それ以外の点でATを離れた場合は，その都度，その旨を注記した.

　Gは必要に応じて同じ付図をくり返し示しており，ATもこれを踏襲している．しかし，本訳書はこれに従いえなかった．

　Gにおいては，ページの脇の余白に見出しがつけられており，これまたATの踏襲するところであるが，本訳書においては，ゴチック体を用い，〔　〕に包んで，本文中に挿入されている．この見出しは「詳細目次」中の項目と原文において僅かな相違を示しており，その点は訳文でもわかるようにしたつもりである．

　上記以外の〔　〕は訳者が挿入した補足的な語を示している．また（*）は「訳注」のあとに加えた「補注」をさし示している．なお，すべての部分にわたり，外国人名の表記は必ずしももとの国語の発音に従っていないことをお断りしなければならない．

**文庫版解説　デカルト『幾何学』の数学史的意義**

佐々木　力

## 1. 世界の数学史の十字路に位置する
デカルトの『幾何学』

　本書は，デカルトの『幾何学』の原亨吉による邦訳である．

　訳者の原亨吉 (1918-2012) は，大阪大学でフランス語・フランス文学関係の教職に就いていたことで知られるが，本来は哲学思想に対するかなり深い関心の持ち主であった．たしか，戦前は，田辺元のもとで哲学を学ぼうとして京都帝国大学に学籍を置いていた（1938-40）．だが，京大は退学し，東京帝国大学のフランス文学科に転入し，そこを「繰り上げ」で卒業した（1940-42）．時局がら，その後，ただちに従軍せねばならなかった．私は，原から軍人としてヴェトナムで迎えた 1945 年夏の敗戦の日々についての話を感慨深く拝聴したことがある．下村寅太郎の鎌倉の墓を一緒に詣でた時のことであった．戦前から敗戦にいたる日本のたどった歴史の軌跡は，ほとんどの日本人の心に深く大きな禍根を残した．原もそういった日本人のひとりであ

ったであろう．

　原は，深い哲学思想的関心を学問的に別の方向に向けることで，その禍根を癒やし，総括し直そうとしたものと思われる．まず，堅実に語学として学んだフランス語を生かそうとした．フランス語の読解対象として，難解をもって知られるマラルメの詩に取り組む一方で，明晰な文章をものしたヴァレリーを読んだ．アランやスタンダールの著作の邦訳をもなした．さらに，フランス思想を探究するにあたって，数学史を研究の主題とした．そうして，戦前日本の煉獄からの脱出口として原が選択したのは，フランスの文学と思想であり，なかんずく，しばしば「大合理主義の時代」と規定される 17 世紀のフランスの数学思想であった．

　私は科学史・科学哲学，とりわけ数学史の修業を，1970 年代後半のプリンストン大学の科学史・科学哲学プログラムで受けたために，日本での先学に言及することをほとんどしない．が，ただひとりそのような学者の名を言えと言われたら，中村幸四郎（1901-1986）の名前を挙げるほかない．その中村が数学の哲学的側面に関して学んだのが下村寅太郎（1902-1995）であり，そして大阪大学で数学の教職に就いてから，共同研究者として一緒にフランス語の数学テキストを読んだ相手が原亨吉なのであった．とくに，ライプニッツ数学関係の仕事が始まってからは，下村，中村，原，それに私は，いつも研究仲間として同一グループを構成していた．

原の数学思想における共感は、ブレーズ・パスカル（1623-1662）のそれにあったと思う．だが，1963-65年のフランス留学に際して研究トピックとして選んだのは，ジル・ペルソンヌ・ロベルヴァル（1602-1675）であった．ルネ・タトンの示唆によるものであった．留学時の世話をした学者のひとりがアナル派の歴史家として知られるフェルナン・ブローデルで，原に観光でいいからともかくフランスのおもだったところを見てゆけ，と示唆したという．大家とはこのようなものなのであろう．そう私は原からうかがっている．博士論文をロベルヴァルで書いたものの，その成果を公刊するまでにはいたらなかった．原自身は，公刊への誘いを辞退したのだと漏らしているが，たしかあるフランス人科学史家の心ない妨害もがあったはずである．ロベルヴァルは，コレージュ・ロワイヤルのラムスの遺贈になる数学教授職にあり，パリの王立科学アカデミーに籍を置いたクリスティアーン・ホイヘンス（1629-1695）とともに，数学関係の専門職業の顕職にあった．ロベルヴァルもホイヘンスも，古代ギリシャのアルキメデスが集大成した無限小幾何学を新機軸の運動学的考察をもって推進しようとした卓越した数学者であった．パスカルは，もっとエレガントにアルキメデスの無限小幾何学を新しい軌道に据えて，独自の幾何学的諸論考を世に問うた．私も東京大学での学部学生のための「科学史演習」の題材としてパスカルの数学的著作を取り上げ，そのフランス語テキストを読解した経験があるが，フランス語の優美さといい，数学的

推論の厳密な壮麗さといい，感嘆したことがある．

デカルトの数学は，原が主として取り組んだフランスの数学者たちのとは，性格を大きく異にしていた．一言で言うと，デカルトのは「代数解析」と規定できる数学であった．パスカルの無限小幾何学に関する作品の代表例はサイクロイドに関する研究であるが，原は，「パスカルのサイクロイド研究はデカルト流の解析幾何学に対する彼の対抗策であったろう」との所見を漏らしている（原亨吉「『パスカルの数学的業績』が書かれるまで」，大阪大学フランス語フランス文学会 GALLIA, LII (2013)（原亨吉名誉教授追悼号），p. 15；初出は『学術月報』，1982）．原ならではの卓見というほかない．

我が師マイケル・S・マホーニィによれば，17世紀西欧の数学は，幾何学的思考法と代数的思考法が拮抗する様相を呈していた（マホーニィ〔佐々木力編訳〕『歴史の中の数学』（ちくま学芸文庫，2007）第4章「17世紀における代数的思考法の始原」）．その後の数学の発展を知り得るわれわれはデカルトの代数解析的数学の快進撃について何ほどかのことを言うことができるのだが，それはあくまで後知恵からである．むしろ，17世紀にあっては，「最高の幾何学者」と呼ばれたトリチェッリやパスカルに見られるように，秀逸な数学者は，機械的計算で処置しうる代数的数学よりは，幾何学的思考法に惹かれ，その形態を規範的で優越しているものと見なした．ニュートンとライプニッツの間の論争には，そのような思考法の間の拮抗であった側面がある．

ルネサンス期に西欧数学が新たに始動した時，古代ギリ

シャの数学的古典の原典が再生の軌道に乗る一方で，古典期イスラーム数学の一環としてアル゠フワーリズミーによって創始されたアルジャブル（代数）が，インド‐アラビア数字とともに，計算技法として大きな力を発揮するようになった．アルジャブルは12世紀になって西欧キリスト教世界に伝播し，中世後半になると未知数が記号化されるようになった．イタリアの「コシスタ」と呼ばれた数学者たちは，三次・四次方程式の一般的な代数公式を発見するまでになった．アラビアのアルジャブルの計算技法を発展させると同時に，古代ギリシャ数学を記号化して復元する代数技法として，フランソワ・ヴィエト（1540-1603）の代数解析プログラムもが16世紀末になると提唱されるようになった．そういった新規の数学として力をふるい出し，結局，古代から強固な伝統をもつ幾何学的思考法に対抗するまでになったのは，デカルトの代数解析的数学の力によるところが大きかった．これが，原がすぐれたフランス語の語学力と数学史の前提的知識をもって邦訳したデカルトの『幾何学』が17世紀に登場した歴史の概略である．

　こうして見ると，9世紀初頭のアル゠フワーリズミーによって始動した代数的思考法が新しい生命力を与えられつつあった時代に公刊されたのが，デカルトの『幾何学』であったということになる．周知のように，そのような代数的思考法はライプニッツによってさらに強力な生気を注ぎ込まれて大きく飛躍することになった．デカルトの『幾何学』はそうすると世界の数学史の中の十字路に位置するこ

ととなる．どうして「十字路」かというと，西洋人が古代ギリシャの遺産を復興させ，そしてアラビア数学をも我が物としながらそれまで歩んできた道が岐路にさしかかり，デカルト以降，近代西欧数学の主要な学統として，近代から現代への堂々たる道が切り開かれたからにほかならない．

以下，そのような代数的思考法の成立過程と，デカルトがどういった経緯で自らの数学思想を形成したのかについて，簡明にたどり直してみることにする．

## 2. 代数的数学の成立過程

### 「代数学」の漢語的起源とアラビア数学的始原

「代数学」という漢語の学問名は，1859年に上海で刊行された，英国人プロテスタント宣教師・偉烈亜力＝ワイリーと，彼の中国人協力者の李善蘭による中国語訳書『代数学』で使用されたのをもって嚆矢とする．デ・モルガンの1835年刊の代数学書を翻訳したものであった．漢語の「代数学」には「数を記号をもって代える」という意味が込められている．すなわち，記号代数学の意味を担っているのである．19世紀中葉の西洋アルジェブラは，すでに記号化されていたため，この訳語となったものと思われる．

アルジェブラの起源については，かなり明確な事実が判明している．すなわち，バグダードの数学者のアル＝フワーリズミーが9世紀初頭，『アルジャブルの書』なる標題の

著作を執筆し，そのアラビア語の標題が西洋化して，ラテン語のアルゲブラとなり，英語のアルジェブラに変化したものである．

アル＝フワーリズミーの『アルジャブルの書』の批判的アラビア語テキストは，ロシュディー・ラーシェドによって編纂され，フランス語訳・英語訳をも伴って，委曲を尽くした数学史的序論とともに公刊されている（Roshdi Rashed, *Al-Khwārizmī: Le commencement de l'algèbre* [Paris: Albert Blanchard, 2007; English version, London: SAQI, 2009]）．この書は，エウクレイデース＝ユークリッドの『原論』とは異なった数学の新しいパラダイムの登場を告げるものであった．どこが新しいかというと，式の中に未知数が出現し，その未知数を式の変形によって求めることが課題として設定されたからにほかならない．アル＝フワーリズミーの『アルジャブルの書』が出現した9世紀から12世紀ころまでは，未知数も含めて記号は使われないままであった（自然言語代数）が，12世紀ころからは，イスラーム世界においてもキリスト教世界においても，未知数には省略記号が使われ始めた（略記代数）．一次の未知数は，アラビア語で「シャイ」（もの），二次の未知数は「マール」（元手），三次の未知数は「カアバ」（立方）と呼ばれたが，それぞれのいわゆるアルファベットの頭文字 ش（sh）（ないしその略記号∴）と م（m）と ك（k）とをもって，「シャイ」，「マール」，「カアバ」の代用としたのであった．

アラビア語の「アル＝ジャブル」（al-jabr）は，「復元する」

を意味する動詞「ジャバラ」（jabara）に由来する名詞で，「復元法」を意味する．もしも式の中に標準型にはない負の項が現われる時，その負の項と同じ量の正の項を付け加えると，負の項と正の項は相殺し合って標準型になる．そのように標準型に「復元してやる」技法としてアルジャブルが生まれたものと現代では説明される．

## ヨーロッパ世界への伝播——コス式代数の成立

　このようなアラビア数学のアルジャブルは，キリスト教ラテン世界に伝承された．アラビア語の「シャイ」と「マール」と「カアバ」は，それぞれ，「レース」（res）と「ケンスス」（census）と「クブス」（cubus）になった．「レース」（もの）は，今度は俗語化され，イタリア語で「コーサ」（cosa）と呼ばれた．そして，そのような計算技法を操る数学者は「コシスタ」（cosista）と呼ばれるようになった．英語では「コシスト」（cossist）となる．したがって，中世後半からルネサンス期までの西欧代数は，「コス式代数」として特徴づけることができるのであるが，アラビア数学の大きな影響を物語る術語であるということができるであろう．

　アルジャブルは，「タフト」（ペルシャ語とアラビア語の算板）上で計算がなされる筆算技法であった．ピサのレオナルド，すなわちフィボナッチは，その「タフト」に古代ローマの算板を指す「アバクス」（abacus）の名を充てた．それが『算板の書』（*Liber abaci*, 1202 年初版，1228 年改訂版）

であり，キリスト教西欧社会にアラビア式筆算が伝播する嚆矢となった．「アバクス」，それにそのイタリア語形の「アバコ」（abaco）は一般に，インド – アラビア数字による筆算的計算を意味するようになった．古代ギリシャ数学とは大きく性格を異にする中世後期以降の筆算的西欧数学は，こうして離陸するようになった．

コス式代数の代表的担い手は，ジローラモ・カルダーノ（1501-1576）である．カルダーノは，1545 年に『アルス・マーグナ』（大技法）を刊行して，三次方程式と四次方程式の一般的解法を公表した．コス式代数は商業が発達したイタリアと，アルプスを越えて同一商業圏をなしていたドイツで広く行なわれた．デカルトが少年期に精読したことが確かな，クリストフ・クラヴィウス（1538-1612）の『代数学』（1608）も，ドイツ・コシストの学統を継承するものである．ミヒャエル・シュティーフェルの 1544 年刊の代数学書が直接の先駆的著作と見なされる．彼らドイツ・コス式代数においては，「レース」（res）は 𝔢，「ケンスス」（census）=「ツェンスス」（zensus）は ⅋，「クブス」（cubus）は 𝔠𝔢 と略記された．若きデカルトは，この記号法を継承した．彼らのコス式代数は，商業算術が純粋数学的に発展した形態として数学史的に位置づけられるであろう．

ラーシェドは，アル = フワーリズミー的アルジャブルの数学的伝統がデカルトの代数解析的数学にとって不可欠の働きをなしたことと強調し，自らの包括的数学史書に『アル = フワーリズミーからデカルトへ――古典数学史研究』

(Roshdi Rashed, *D'Al-Khwārizmī à Descartes: Études sur l'histoire des mathématiques classiques,* Paris: Hermann, 2011)という標題を付けた．これは，以上のようなアルジャブルからコス式代数までの数学史的学統を考慮すれば，きわめて妥当であると評することができるであろう．

## ヴィエトの代数解析技法

このようなアラビア数学の色彩濃い伝統をさらに発展させ，別の地平に踏み出した数学者が出現した．ヴィエトにほかならない．

ヴィエトの新しい代数は，どのように数学史的に特徴づけられるであろうか？　まず，それは，アル＝フワーリズミーの「自然言語代数」とも，また，未知数に省略記号を用いたコス式代数の「略記代数」とも異なり，係数にも記号を使用して一般化した点で画期的であった．ある種の「記号代数」が始まったわけである．これが，代数をその形態から分類しての特徴づけである（19世紀ドイツ数学史家のネッセルマンによる）．

そして，ヴィエトの代数は商業算術起源だとはもはや言えない．ヴィエトはフランス西部に1540年に生を享けた．その3年後の1543年には，コペルニクスの『天球回転論』が出版されている．ヴィエトの学問的関心も数理天文学研究と密接に連携したものであった．彼の代数が生まれた理由のひとつは，天文計算をすばやく進めるためではなかったか，と私は推定している．実際，彼の記号代数の初出は，

天文計算のための数表の中であった．

　以上の天文計算と密接に結びついた事柄として，ヴィエトの記号代数が，算術的であるというよりは，連続量を扱う幾何学的なものであることが指摘される．記号的に表現されるそれぞれの量は，ヴィエトにおいては，次元をもつ幾何学的大きさにほかならないのである．

　そのことと関連して，ヴィエトの記号代数は，ルネサンス期に西欧世界にもたらされた古代幾何学書を復元するための道具として用いられるべきものとしても位置づけられた．幾何学的な発見技法として役立つためには，係数を特定的な数として考察するのではなく，一般的に記号的量として，考察する必要が出てくるからである．

　それからもうひとつ，ヴィエトの代数は，暗号術，およびその解読術と結びついていた．ヴィエトは，宗教戦争に見舞われた危機の世紀と言われる 16 世紀の数学者なのであり，とりわけ，プロテスタント改革派＝カルヴァン派の王公からカトリックに転向してフランス国王に即位したアンリ四世のもとに法律官として使えた．ヴィエトの暗号術は，敵方のカトリック保守派と，その背景に居たハプスブルグ・スペインの暗号を解読するのに役立ったと言われる．こうして，ヴィエトは，記号代数の「父」として歴史に名前を残しただけではなく，数学的暗号術の先駆者としても著名なのである．

　このようなヴィエトの記号代数は，1591 年刊の『解析技法序論』(*In artem analyticem isagoge*) によって一般的姿を

世に現わすこととなる．その副題は，「とりわけ，復元された数学的解析の作品ないし新代数から取り出された」(Seorisim excussa ab Opere restitutae Mathematicae Analyseos, seu Algebra nova) となっている．ヴィエトの代数は，なによりも「解析技法」(ars analytica) なのであり，そして旧来の「数計算術」(logistice numerosa) を超える「記号計算術」(logistice speciosa) として特徴づけられる．アラビア語起源の語彙の「アルゲブラ」は「新代数」という副題中に初めて現われるだけにとどまっているのである．それのみならず，「アルゲブラ」などは，イスラーム教徒の「蛮人たち」(barbari) の技法でしかない．ヴィエトは，近世キリスト教世界のための数学を創成しようと身構えているのである．

ヴィエトの新数学の思想史的背景として，さらに，パリ大学で数学改革を推進したペトルス・ラムス（1515-1572）の教育思想的影響もが指摘されねばならない．ラムスは，古代数学史の先駆者としてもきわめて重要な役割を果たした．その数学思想史的役割は，まずフランス王母カトリーヌ・ド・メディチに献呈された1567年刊『数学的緒言』(*Prooemium mathematicum*)，さらには，前著を大幅に増訂した1569年刊の『数学講義』(*Scholae mathematicae*) の中で，存分に展開された．後者は，本質的に『数学的緒言』と同一の内容（第I-III巻）に加えて，算術的解説（第IV-V巻），並びに，エウクレイデース『原論』の各巻ごとの詳細な批判（第VI-XXXI巻）になっており，一説によれば，18

世紀に本格的な数学史研究が現われ出る以前には，もっとも影響力を発揮した数学史書であったという．

ただし，ラムスの古代ギリシャ数学史の理解の程度には注意が必要である．数学的内容の理解の怪しさに加えて，原文がギリシャ語の著作の読解力がどの程度だったのかにも疑問がもたれている．

ラムスの中世論理学改革の試みの中心的考えは，人工的になりすぎた論理学を自然な理性で遂行される状態に戻すという点にあった．数学に関しては，同様に，「自然的数学」を復興させようとした．

ラムスから，ヴィエトを経て，「第二のヴィエト」の異名をもつピエール・ド・フェルマーまでの数学改革の試みに関しては，マホーニィが，クーン教授のもとで書いたプリンストン大学での博士学位論文「王道——1550年から1650年までの代数解析の発展，とくにピエール・ド・フェルマーの作品に関して」(The Royal Road: The Development of Algebraic Analysis from 1550 to 1650, with Special Reference to the Work of Pierre de Fermat, 1967) が秀逸である．フェルマーの記号代数的数学の起源を数学上の先駆者ヴィエトまで遡源するだけではなく，ヴィエトの数学改革プログラムの思想的根元をもラムスの教育思想にまで溯って，歴史学的に跡づけた論考である．

最近になって，ノートルダム大学のロバート・グールディングが，『ピュパティアを擁護して——ラムス，サヴィルと数学史のルネサンス的再発見』(Robert Goulding, *Defend-*

*ing Hypatia: Ramus, Savile, and the Renaissance Rediscovery of Mathematical History*, Springer, 2010）なるモノグラフを公刊した．この書物は，ラムスの古代数学論から始まり，そのラムスの「自然的数学」復興のもくろみに新しい光を投じながら，ラムスの影響を受けながらも，文献学的により堅実に古代ギリシャ数学史の再構成に挑んだオックスフォード大学のヘンリー・サヴィル（1549-1622）の文献史料を草稿まで探索してなった労作である．

マホーニィとグールディングの知見を組み合わせると，近世ヨーロッパの数学のルネサンス的革新について，おもしろい事実が浮かび上がってくる．

ラムスは，大学で不十分ながら教育されている数学はエウクレイデースの『原論』をもって代表されるものであるが，それは，スコラ的論理学同様，人工的，作為的になってしまっている，と考えた．ラムスの考えでは，今や「自然的数学」の状態を復元させなければならない．甦るべき「自然的数学」に対して，「人工的数学」は『原論』によって体現されている．グールディングの文章を借りて解説すれば，「ラムスの論争的説明によれば，エウクレイデースの『原論』は，数学的達成のではなく，高慢なオブスキュランティズム（蒙昧主義）の頂点をなすものである．ラムスの目標は，数学者の注意をエウクレイデースから離し，もっと価値ある，アルキメデスとか，ヘロンとかといった実践的人物に移すことであった．彼らにあっては，数学の本物の精神が依然として息づいていた」（p. xvii）.

ラムスのエウクレイデース『原論』批判は，要するに，生徒たちが「自然」に学び発見する道から外れて，「不自然な」総合的証明に不当に焦点を当ててしまっている点にある．『原論』というと，公理論的構成と証明の厳密さに焦点を当てた哲学的側面に主として注目した中世のスコラ学的関心の持ち方は，こうして批判されることとなる．もっと自然な発見の道に帰る必要がある．こうして，ラムスは，実践的，発見的数学の意義を強調するようになる．ラムスは，パリの数学教育に演習的側面を導入した人物と特徴づけることができるかもしれない．

こういったラムスにとって，王がより容易に学べる幾何学の道はないのかとのプトレマイオス一世の問いに「幾何学に王道はありません」と答えたエウクレイデースは評価すべき数学者なのではない．むしろ，数学に自然な発見の道を教えることこそ必要とされることなのである．しかしながら，ラムスには「王道」の発見者の名誉は帰すことができないかもしれない．数学への「近道」を探究したことは確かだったにしても．

ラムスの「近道」を独自の代数解析技法＝記号代数の創造的開発を通して，「王道」にしようとした数学者はヴィエトであった．私は，中村幸四郎先生の宝塚の書庫で見せていただいたファン・スホーテン編によるラテン語版のヴィエト『数学全集』（1646）に取り組むことによって，本格的な数学史修業を始めたのであったが，それは，そういった歴史的背景をもった「王道」開削の道を探るという意味を

も担った試みなのであった．

ヴィエトの開削した「王道」は，一方で，フェルマーの独創的数学へとまっすぐ通じ，他方で，デカルトの「哲学的数学」をも導くこととなった．前者の研究は，マホーニィの『ピエール・ド・フェルマーの数学的経歴』(Michael S. Mahoney, *The Mathematical Career of Pierre de Fermat*, Princeton University Press, 1973; 2nd ed. 1994) によって取り組まれ，後者の研究は，拙著『デカルトの数学思想』（東京大学出版会，2003; Chikara Sasaki, *Descartes's Mathematical Thought*, Dordrecht: Kluwer Academic Publishers, 2003）が試みるところとなった．

フェルマーは，整数論上の「大定理」ないし「最終定理」をもって有名で，その定理は，プリンストン大学のアンドリュー・ワイルズによって 1995 年に解決された．フェルマーの没年は 1665 年で，それに疑いを挟む余地はないが，これまで生年とされてきた 1601 年は，生後すぐに亡くなった兄の生年との混同によるものであったとの指摘が 2001 年になされ，現在では，1607 年暮れから 08 年初頭に誕生したことが確かだとの説が有力になっている．

そこでいよいよ，本題のデカルトの数学思想形成について記述することにしよう．

## 3. デカルト数学思想の形成過程

### デカルト『幾何学』の成立にいたるまで

　私が，プリンストン大学のマホーニィ先生の指導で博士学位論文のトピックとして選んだのは，近代数学思想の誕生を告げたデカルトの『幾何学』がいかに成立したか，という数学史的問題であった．まず，念頭に置かれるべき歴史的事項を列挙してみよう．

(1) デカルトは，1607年春から1615年9月まで8年半，イエズス会の学院ですぐれた数学教育を受けた．中でも，教科書として熱心に読んだのは，クラヴィウスの『代数学』(1608) であった．
(2) 1618年秋にオランダを手始めに中欧への旅に出，その過程で，イサーク・ベークマン (1588-1637) と出会い，自らの本格的な数学改革のプログラムを抱くにいたった．
(3) 1623年ころまでには，モノグラフ『代数学』(*Algebra*) の草稿を完成させた．
(4) おそらくアドリアーン・ファン・ローメン (1561-1615) に由来する「普遍数学」(mathesis universalis) の考えを身に付け，草稿『代数学』をさらに哲学思想的に展開し，1628年秋までには，『知性を導くための規則』(*Regulae ad directionem ingenii*; 一般に『精神指導の

規則』という邦題で呼ばれる）を書いた．
(5) 1632年春にゴリウスが提示していたパッポスの軌跡問題に一般的な解法を与えることに成功した．その直後に，手にしたヴィエトの『解析技法序論』ほかからなる数学著作集（1631年ジャン・ボーグラン編）についての批判的感想をメルセンヌ宛に伝えた．
(6) 1636年から翌年初めにかけて，『幾何学』のテキストを執筆し，その過程で，幾何学的次元を克服しうる「線分の代数学」を思いつくことができた．
(7) 1637年夏ライデンから，『方法序説』を自伝的序論として，『幾何学』が出版された．『幾何学』のほかに『屈折光学』と『気象学』も本論として伴っていた．
(8) ファン・スホーテンによる『幾何学』ラテン語版の第一版が1649年に，第二版が二部仕立てで1659-61年に出版された．

　こういった年代史的項目の詳細については，拙著『デカルトの数学思想』を参照されたい．さらに，2010年刊の『数学史』（岩波書店）では前著の改訂を若干試みている．
　まず，デカルトが，クラヴィウス版エウクレイデース『原論』（初版1574年，第二版1589年）とクラヴィウス『代数学』をもって，彼の数学思想の出発としたことが確認されなければならない．これらがデカルトの学校的な数学の基礎であった．そのような基礎のうえに，デカルトはほぼまちがいなく，ファン・ローメンの「普遍数学」概念を，そ

の著『数学総体の理念』(1602) ないし『論争的数学』(1605), あるいはひょっとして,『アルキメデスのための弁明』(1597) に接することから知った. その概念は, 算術と幾何学を純粋数学的中核とする数学的諸学科を統一的にとらえる際に枢要な役割を演じた.

こうして執筆されたのが, ラテン語の草稿『代数学』であった. この著作をもって, デカルトは自らの数学改革構想は実現されるものと考えていた. 1620 年代中葉, パリに帰還した彼が取り組んだのは屈折光学研究であった. この著作は, 屈折の法則の発見を告げるものであった. 屈折の法則は, スネル, ミュドルジュ, デカルトによって 1620 年半ばに, 円錐曲線論を用いて, それぞれが独立して発見したものとされていたが, 現在では, 10 世紀のイスラーム世界のイブン・サフルによってすでに発見されていたことがラーシェドによって明らかにされている.

包括的に, デカルトの数学の先駆者としては, クラヴィウス, ファン・ローメン, さらにヴィエトが重要な役割を果たしたことが認識されなければならない. 彼らの中で, 先駆者として唯一デカルトによって明示的に言及されているのはクラヴィウスのみであるが, ファン・ローメンは『知性を導くための規則』中に現われる「普遍数学」概念を通して, 暗示的に間接的影響が示唆され, そして, ヴィエトは, 1632 年のメルセンヌ宛書簡でむしろ批判的に言及された. ただし, クラヴィウスはルネサンス期西欧数学を体現するコス式代数とディオファントスの『数論』の交差す

る伝統を代表した当時の数学教育界の「大御所」的存在であり，ファン・ローメンはクラヴィウスと少なからぬ書信を交換しており，またヴィエトの友人的ライヴァルであり，三者は，一定の共通的土俵のうえに在ったと見ることができるであろう．彼ら三者を超える数学思想的地平を開くのをデカルトはめざした，と考えることができるのである．

## デカルト『幾何学』の数学史的意義

こうして成立をみたデカルトの数学は「哲学者の数学」，「哲学的数学」であったことが理解されるべきである．反面，デカルトの哲学は，「数学者の哲学」，「数学的哲学」という側面をももっていた．代数解析的数学とは，機械的計算によってなされる数学であるとともに，論証的というよりは，むしろ発見的であることが強調されたことを示している．そして，算術と幾何学が別々にとらえられるのではなく，実数的線分の基礎のうえに構築される記号代数的数学として共通にとらえられたことが確認される必要がある．そこにファン・ローメン的「普遍数学」の新地平における実現と発展が見られる．

それでは，1637 年のモノグラフはなぜ『幾何学』（*La Géométrie* ; *Geometria*）と名づけられたのであろうか？　最終的に，なぜ草稿『代数学』の標題は採用されなかったのか？

ヴィエトは自らの新代数学に「解析技法」の名称を与え

た．そうしてアルジャブルというアラビア語起源の学問名を回避した．デカルトの『幾何学』にも同様の意向が認められるのかもしれないが，17世紀前半期のフランスの数学界においては，「幾何学」のほうが，「代数学」よりもはるかに正統的な学問名称としてのニュアンスを担っていたはずであるから，その名称採用と最終的にはなったのであろう．現在でもフランスでは，「数学者」を指す名称を"géomètre"とする場合が多い．当時の"mathematician"="mathematicus"のニュアンスが占星術師を想起させるものであったことも，ここで指摘される必要がある．デカルトとしては，エイクレイデース『原論』の正統的学統を継承したうえで，さらにそれを真っ正面から突破・超克しようとする意図をもっていたのであろう．それが，標題の『幾何学』の根底に込められたデカルトの思いであったものと考えられる．

　こうして用意周到に準備された数学的基礎のうえに，1632年デカルトはパッポスの軌跡問題に挑戦することとなった．そして，幾何学的次元にとらわれることなく，軌跡問題を解決しえた，との自信ももつこととなった．その解決手法は，数学者としてのテクニカルな実力というよりは，むしろ数学の基礎概念について深く考えた成果であった．古代ギリシャ数学の最高峰とされるパッポスの『数学集成』で提起された問題に，前代未聞の仕方で成功裏に解答を与えることができたという自信は，近代数学の地平的開拓という自らに課した任務の達成感をもデカルトに与え

ることとなったように思われる．

　その成功に依拠して，デカルトは代数方程式の形状によって曲線を分類するという考えをももつにいたった．しかし，代数方程式の次元によって幾何学的曲線を網羅的に分類しえるかのような幻想をも彼は抱えることとなった．後年，ニュートンのような数学的手腕に長けた青年数学者に批判されたゆえんであるが，デカルトは，自らがかかわった発見を過大視する，いわゆる「発見者の誤謬」に陥ってしまったのであろう．さらにデカルトは，ライプニッツにも，「機械的曲線」という呼び名について，批判を被ることとなる．今日の「超越方程式」ないし「超越曲線」といった名称は，このライプニッツに淵源するものである．

　デカルトは結局，ライプニッツの用語では，本質的に「アポロニオス的数学」を代数解析的言語によって書き換えるレヴェルにとどまった．ただし，彼は，『幾何学』の公刊後の1639年2月，ドボーヌが提出した「逆接線問題」に解答を与えている．今日の数学的概念で表現すれば，微分方程式を解く問題である．これについては，ジュル・ヴュイマンの『デカルトにおける数学と形而上学』(1960)が論じており，原亨吉もまた本書の「解説」の中で，この解法について触れている（pp. 187-188）．

　この「アポロニオス的数学」という形態の数学のデカルトのほかの担い手としてはフェルマーも重要であるが，しかし，接線法や求積法を代数解析的に推進しえたフェルマーはデカルトよりもはるかに遠くまで進みえた．だが，こ

れらの数学は，いわば「アド・ホック」(場当たり的) な問題解答のレヴェルを超えなかった．

「アポロニオス的数学」を超えて，「アルキメデス的数学」の地平にまで近世西欧数学を高めえたのは，ニュートンとライプニッツにほかならなかった．けれども，彼らの数学の出発点は，何よりもデカルトが『幾何学』をもって達成しえた数学であった．その意味で，デカルトは近代西欧数学の基礎の定礎者として数学史上に位置づけられうるのである．もっとも，ヴィエトと彼の後継者フェルマーの功績も同時に勘案しなければならないであろうが，その数学思想における革新性，概念的明解さ，そして「哲学性」において，デカルトの右に出る者は存在しないと言っても過言ではないのである．

## デカルト数学の近代数学史の中の位置

デカルトの『幾何学』が公刊されたのは 1637 年であった．『方法序説』を序論とし，『屈折光学』『気象学』『幾何学』を本論を構成する三つの試論としてであった．すべてフランス語で書かれていた．学問語がヨーロッパ学問共通語というべきラテン語であった時代には異例のことであった．

オランダにおけるデカルトの後継者のひとりフランス・ファン・スホーテン (1615-1660) は，『幾何学』ラテン語版作成の労をとり，1649 年にその最初の版が日の目を見た．そして，ファン・スホーテンのライデン大学における講義

『普遍数学の諸原理』が 1651 年に刊行された．その講義を編集したのはデンマーク人のエラスムス・バルトリンであった．人は「普遍数学」というと，何か哲学思想的想像をたくましくし，数学をあらゆる知的領域に適用しようとする考えを指すと思い込んでいるが，これは数学史的事実に無知な単純な哲学的誤解の産物である．ことにマルティーン・ハイデガーがこういった誤解の形成と普及についての「罪」を負う．もちろん彼はほんの一例にしかすぎない．現代のパリ第四大学（ソルボンヌ）における『普遍数学』という標題をもった博士学位論文 (2002) は，拙著『デカルトの数学思想』を出発点のひとつとして，哲学的な「普遍数学」概念の変遷の歴史を包括的に再構成している（David Rabouin, *Mathesis Universalis: L'idée de «mathématique universelle» d'Aristote à Descartes*, Paris: Presses Universitaires de France, Épiméthée, 2009）．しかし，依然として，16-17 世紀における数学的普遍数学についての理解が十分とはいえない．ところが，2012 年 11 月，イタリアのピサの高等師範学校（SNS）で開催された「16・17 世紀における代数と算術」に関するワークショップで，17 世紀後半の「普遍数学」概念について講演したイタリア南部のカラブリア大学のマイエル教授は，こともなげに，自分は佐々木が 17 世紀前半についてやったことをその世紀の後半について話すのだ，と宣言したうえで，ジョン・ウォリスの「普遍数学」思想などについて論議を展開したものであった．数学に無知な哲学者の逸脱ぶりを端的に示すエピソードにほかならな

い．

　ファン・スホーテンの『普遍数学の諸原理』は，じつに単純なデカルト的代数記号を援用した四則演算のやり方を示した初等代数学書でしかない．この書物の副題は「ルネ・デカルトの幾何学の方法への入門」であるが，あるいは，この本が，デカルト『幾何学』よりもデカルト的記号代数について伝えたもっとも影響力ある情報源だったかもしれない．

　1659-61 年になると，『幾何学』のラテン語第二版が二部仕立てで出版された．この拡充版は，第二部に先述のファン・スホーテンの『普遍数学の諸原理』をも組み込んでいたばかりではなく，無限小解析への萌芽的諸論考をも印刷していた点で特筆される．第二部は，ファン・スホーテンの没後，遺著として出版された．ちなみに，この第二部には，ファン・スホーテン自身による『代数計算による幾何学的作図に関する論証の論考』が収録されているが，そこには，「日本人のいとも学識ある青年ペトルス・ハルツィンギウス氏」(doctorissimus juvenis D. Petrus Hartsingius, Iaponensis) がその論考の成立を助力したとの文面も登場する (p. 414)．ペーテル・ハルツィンク（Peter Hartsinck, 1637-1680）とは，長崎滞在中のオランダ商館員が日本人女性となした青年であり，ファン・スホーテンのライデン大学における学生で，医学を優秀な成績で修めて卒業し，後年，ライプニッツと鉱山開発についてライヴァル関係にあったことでも知られる．

出版されたばかりのこの数学書を手にした若者は少なくない．ニュートンも，それからまたライプニッツも，デカルトの『幾何学』をこのラテン語拡充版でひもといた．いずれも 1660 年代前半のことであった．ニュートンが彼の流率法を考案したのは，このラテン語版『幾何学』読了から 1 年ほどのちのことであったと推定される．

　ライプニッツのほうも，この版から「普遍記号法」の考えを大いに学んだものと考えられる．ただし，彼はファン・スホーテンの『普遍数学の諸原理』の「諸原理」（principia）をまちがえて「原論」（elementa）と記憶してしまい，その本を繰り返し『普遍数学原論』と言及することになる．この過誤はほぼ終世にわたって繰り返されることになる．

　いずれにせよ，ニュートンもライプニッツも少なくとも部分的には，彼らの無限小幾何学から無限小代数解析への移行について，デカルトの『幾何学』を媒介としていたことになるのである．

　ニュートンは，1670 年前後から，デカルトの記号代数学にも，それから自然哲学にも批判的になり，叛逆的方向に進むことになるが，ライプニッツのほうは，逆に，デカルトの記号代数の適用領域が基本的に有限量にとどまったことを難じ，無限小量や論理計算にまで，「普遍記号法」の主要な数学的部分をなす「普遍数学」を拡張する方向へと向かった．

　ライプニッツは無限小代数解析を微分積分学という体系

的数学の方向に向かって形成しようと考え始めたが，現実に，その方向での全面展開的実現を図ったのは，ヤーコプ・ベルヌイ（1654-1705）とヨーハン・ベルヌイ（1667-1748）のスイス人兄弟であった．ヨーハン・ベルヌイの学問的方向をさらに大きく推進せしめ，ヴィエト－デカルト－ライプニッツ代数解析を不動の歴史的歩みとしたのは，バーゼル大学の神学生であったレーオンハルト・オイラー（1707-1783）であった．オイラーは，ヨーハン・ベルヌイ教授に数学的才能の非凡さを見いだされ，数学研究に転身することとなる．皮肉なことに，オイラーは，デカルトやライプニッツにはたしかにあった神学的＝形而上学的思索には深い主題的関心を抱くことなく，代数解析的計算，それから自然哲学についての数学的計算に没頭し，専心する．彼は，後年，「数学者の王者」（Princeps mathematicorum）の名前を旧師のヨーハン・ベルヌイによって授けられた．オイラーの『無限解析入門』全二巻（1748）は，エウクレイデース『原論』が古代ギリシャ数学においてもった位置を，近代西欧数学においてもつことになる．オイラーは，こうして，いわば「近代代数解析のエウクレイデース」となった．

　だが，本稿が記述してきたように，エウクレイデース『原論』とオイラー『無限解析入門』のあいだには，デカルトの『幾何学』が置かれなければならない．本書は，一言で言えば，近代西欧数学のマニフェストなのである．

　オイラーのあとには，ラグランジュが出現し，その数学

をガウスがさらに一段高い地平にまで高め，19 世紀数学の黄金時代を築いた事情は，また別の史話の主題となる．

## 4. デカルトにおける数学的知識と哲学との相関関係

　今日，デカルトというと何よりもまず哲学者，それも近代西欧哲学の鼻祖として理解されている．そこで，彼が，数学的知識をいったいどのように哲学的にとらえていたのかについて，多少立ち入って議論してみたい．

　デカルトが数学的知識の枢要性について気づかされたのは，ラフレーシュのイエズス会コレージュ在学中のことであった．彼はそこで，数学，とりわけ純粋数学的学科の確実性に強い印象を与えられた．多くの人が相異なる意見をもち，相争う他の宗教的ないし哲学的諸学科と相違して，数学だけは，意見の一致が見られると彼は考えた．そのような見解は，じつは，クラヴィウスが彼の版の『原論』の「序論」で述べていた考えでもあった．数学は，確実性と同時に，知識が何らかの仕方で役に立つという有用性の規準で評価されるが，それは当然の前提として，ともかく，デカルトは，数学の確実性に心惹かれた．そのことは，『方法序説』の自伝的叙述からも明らかである．

　デカルトの数学的知識に対する態度には，1628 年ころ書かれたと推測される『知性を導くための規則』で開陳した前期の観点と，『方法序説』で展開し，1641 年の『第一哲学

に関する省察』と，1644年の『哲学の諸原理』によっても継承された後期の観点とに識別される．

　前者は，数学の基礎的言明を「直観」によって正しくとらえ，それから「演繹」によって真の数学的定理に到達しうるという考えからなっている．

　ところが，後者では，このような「素朴」な考えは斥けられている．代わりに，克服されるべきものとしてではあれ，懐疑主義的議論が取り込まれ，数学的言明にまで疑いが差し挟みうると考えられるようになる．いわゆる「方法論的懐疑」が導入され，そのうえで，数学的真理がどのようにして得られるのかといった認識論的議論が新たに考案されることになるのである．

　こうして得られた後期の観点においては，経験によらない数学や論理学などの「永遠真理」もが神によって創造されたものだととらえられ，さらに，数学的真理ではなく，不可疑の「第一真理」として，あまりにも有名な，「われ惟う，ゆえにわれあり」(Je pense, donc je suis.＝Cogito, ergo sum.) なる言明が考案され，その第一真理から，数学的言明の真理性を誠実なる神に保証させるというより込み入った手続きが提案されることとなるのである．数学的真理が自由な意思をもつ神によって任意に創造されるという考えは，「永遠真理創造説」と呼ばれる．この思想は，非ユークリッド幾何学の意義が認定されて以降の，公理はかなり自由に選択しうるという現代の公理主義的思想の先駆ともなる考えとも通じ，デカルトの哲学思想の尋常ならざる深さ

を教えてくれるものと今日では高く評価される．

　どうしてこのような思想にデカルトは到達したのであろうか？　それは，古代懐疑主義文献，たとえば，セクストス・エンペイリコスの『ピュロン主義哲学の概要』などの著作，そしてディオゲネス・ラエルティオスの『哲学者列伝』中の「ピュロン伝」など，さらにはキケローの『アカデーミカ』をひもとき，熱心にその思想と格闘した結果だと考えられる．それから，モンテーニュの『エセー』第2章第12章「レイモン・スボンの弁護」を参照した可能性もある．

　1620年代のフランスは，とりわけピュロンに淵源する思想が熱心に論議された時代で，「ピュロン主義的危機」の時期として今日理解されている．デカルトも1620年代末にオランダに移住し，そこで本格的な形而上学的思索にふけったことが書簡などから明らかになっている．後期の思想が初めて明らかにされたのは，デカルトが1630年4月15日付でアムステルダムから送ったメルセンヌ宛書簡においてであった．これ以降の「永遠真理創造説」によれば，「三角形の内角の和は2直角に等しい」といった平行線公準を前提とする言明や，「全体は部分より大きい」といった公理は，そのままでは真理とは認められない．デカルトは実際に，そう他者宛に漏らしている．これらの数学的言明は，セクストス・エンペイリコスやディオゲネス・ラエルティオスの「判断保留に導く方式」には対抗できないというのが，その理由である．すなわち，それら数学的言明を徹底

的に追い詰めてゆくと,「無限遡行」,「仮説性」,「相互依存(循環性)」といった陥穽＝困難な落とし穴におちいるほかない.これらの論難の方式は,今日「アグリッパのトリレンマ」と名づけられている.

後知恵からではあるが,「三角形の内角の和は2直角に等しい」はある種の非ユークリッド幾何学では成立せず,「全体は部分より大きい」なる言明はカントル的無限集合論では成立しない.デカルトは,このような19世紀的数学理論を知り得たわけではない.だが,ともかく論理的には反駁できる可能性のあることを古代の懐疑主義文献から知っていた.

こういった哲学史的事情については,拙著『近代学問理念の誕生』(1992)第一章「〈われ惟う,ゆえにわれあり〉の哲学はいかに発見されたか」や前記『デカルトの数学思想』を参照されたい.古代懐疑主義思潮の復興は,リチャード・ポプキンの『サヴォナローラからベイルまでの懐疑主義の歴史』(Richard H. Popkin, *The History of Scepticism: From Savonarola to Bayle*, Oxford/New York: Oxford University Press, 2003, 初版は,1960年刊の『エラスムスからデカルトまでの懐疑主義の歴史』*The History of Scepticism from Erasmus to Descartes*) が詳細に説くごとく,近世哲学の出発点となったとも解釈しうる重要な事件であった.デカルトは,こういった思想的危機の真っ只中で,数学的真理をも攻撃しようとする懐疑主義的議論に真剣に立ち向かい,新たな対抗策を考えたのであった.

したがって,『知性を導くための規則』をもって, デカルトのみならず近代西欧のドグマティズムの代表作としてとらえようとするハイデガーの哲学史的所見はデカルトにとって不当で, 不十分ということになる. デカルトはその青年期の未熟な著作を未完のまま, 刊行しなかったのであるから, ますますハイデガーの「罪」は重く, その近代哲学批判の作為性が感得される.

　デカルトが『方法序説』で提示し始め, なかんずく『第一哲学に関する省察』（そして『哲学の諸原理』）で提起した懐疑主義の克服策は, まず「われ惟う, ゆえにわれあり」という第一真理を不可疑の絶対的真理として認めさせ, そのうえで, 明晰判明な数学的言明なら, 誠実である神が偽とはしないと神学的議論を介して真理性を保証させるものであった. なるほど「われ惟う, ゆえにわれあり」なる言明は, 思惟する主体である「われ」が自ら反省してみれば, そのままたちどころに「われあり」が感得されるから, 絶対的真理ではあろう. その点で, 数学的真理とは違って,「アグリッパのトリレンマ」を逃れられうる.

　ところが, 明晰判明となしうる数学的真理は複数ありうる. たとえば,「三角形の内角の和は 2 直角に等しい」のほかの言明も明晰判明であり, 真でありうるから, デカルトの全知全能の神を持ち出しての「超越論的な」（われわれが生きるこの世での経験的で歴史的な世界を超越した）数学的真理の保証には無理があるということが判明する. この難点の認識は, けっして非ユークリッド幾何学の可能性

が分かったわれわれが後知恵からだけ言いうることなのではなく，つとに同時代から「デカルトの循環」という概念名で知られていた．

　にもかかわらず，デカルトは 1642 年刊の『省察』第二版において，「こうして私は全懐疑主義者の懐疑を初めて転覆せしめた」と述べ，自ら誇ってはばからなかった．「われ惟う，ゆえにわれあり」の絶対真理性を誇示してのことである．だが，不幸にして，その後に展開された数学的真理の保証策には誤謬推理が混入していた．したがって，以上のデカルトの自負の根拠は薄弱である，いな，間違っていると指摘されなければならないのである．

　デカルトの『省察』は，著者自身が認めているように，「私の自然学の根拠をすべて含んでいる」ようにもくろまれた形而上学的思索の書であった．デカルトは，その書をもって，純粋数学的真理を根拠づけようとしたばかりではなく，「自然学の根拠」，すなわち「数学的自然学」（今日の「数学的物理学」）の試み総体を「超越論的に」基礎づけようとした．それは，スコラ学的 - アリストテレス主義的学問構造の戦列に送り込まれた「トロイの木馬」（プリンストン大学の哲学史家ダニエル・ガーバーの表現．ガーバーは，シカゴ大学時代に，私のプリンストン大学に提出した博士論文「デカルトの数学思想」の査読者のひとりであった）であったが，それは哲学的には破綻を運命づけられていたのである．

　このような議論は，必ずしも「学校的(スコラ)」にだけ意味をも

つものではない．今日，数学的 - 実験的 - 原子論的な自然科学の在り方に大きな思想的疑念が提示されるようになっている．近代自然科学は一般に実験によって検証されることをもってわれわれの「生活世界」とのかかわりをもっているのであるが，それが，もはや検証不可能で，「まちがってすらいない」（パウリ）段階にいたっていること，さらに周知の原子力テクノロジーの技術的困難性が，その学問的企図の危うさとなって人々に見直しを迫っているからにほかならない．

デカルトは「数学的自然学」を最初に理論的に根拠づけようと図った哲学者として，哲学史上，位置づけられる．その試みが今や新たに問い直されるべき学問思想史的位相にわれわれは置かれているのである．

デカルトの哲学的著作だけではなく，この哲学の背景的知識ともなった『幾何学』もが真剣にひもとかれるべきゆえんであろう．

\*

原亨吉によるデカルトの『幾何学』の日本語訳である本書は，以上で解説した数学史的背景を念頭に置いて熟読玩味せねばならない．なお，原の本訳業は『デカルト著作集1』（白水社，1973）の中に現われ出でたのであったが，それ以前には，河野伊三郎訳・解説『デカルトの幾何学』（白林社，1949）が世に問われていたことを附記しておく．私は，原訳刊行後，早速，全体をフランス語原文と対照させて読

解し，誤植やわずかな数学的誤記とおぼしきものを原宛ご報告させていただいたことがある．東北大学大学院博士課程で数学を学んでいた時分のことであった．その作業が数学史修業への端緒になったのだと今にして思う．

原は，まず誰よりもブレーズ・パスカルの数学的経歴の研究者として，世界の数学史界に記憶される．彼のパスカルの数学，とりわけ無限小幾何学研究はじつに緻密な文献学的研究に基づいており，その手法は後世の数学史家の規範とならなければならない．その研究集成は，『パスカルの数学的業績』(Kokiti Hara, *L'Œuvre mathématique de Pascal*, 『大阪大学文学部紀要』第21巻，1981年3月) として公刊されている．近い将来，日本語版もが作成されることが望ましい．

次いで，原が情熱を込めて研究したのは，ジル・ペルソンヌ・ロベルヴァルの運動幾何学であった．デカルトやパスカルがアマチュアとして数学を研究したのに対して，ロベルヴァルは，コレージュ・ロワイヤルのラムス数学教授職に就いていたプロフェッショナルな数学者であった．

このようなフランスの数学者たちの数学は，本訳書の著者のデカルトの代数解析的数学とは異なり，アルキメデスの無限小幾何学の延長に位置づけられうる形態であった．そういった数学思考法の相異まで含めた近世西欧数学の微分積分学形成過程の研究は，原の『近世の数学——無限概念をめぐって』に総集されている．この秀逸な研究書は初め，筑摩書房からの三部からなる『数学史』の第二部とし

て1975年に出版されたのであったが，最近，三浦伸夫の解説を伴って，ちくま学芸文庫の一冊として刊行された．原の主著としてひもとかれるべきであろう．私自身，そして，すぐれた数学史的著作を世に問い続けている三浦などの後世の日本人数学史家は，原のこの書を数学史の規範として研究し，書物を世に問うてきたと言っても過言ではないかもしれない．

　本訳書のための原自身による「解説」は，アウト・オヴ・デイトになっている憾み無しとしない．しかしながら，そのような学問的発展による認識の革新は，どのように緻密で秀逸な研究を成し遂げた学者にとっても不可避としなければならない命運であろう．原のような巨匠による独自の意義をもつ著作として，私はいっさい手を加えることをしなかった．まことに貧しい知見ながら，まったく新しい「数学史的解説」を綴った次第である．読者よ，諒とせよ．

2013年7月，中国科学院大学人文学院　北京玉泉路の研究室にて

（ささき・ちから／中国科学院大学人文学院教授）

本書は白水社刊『増補版　デカルト著作集1』(二〇〇一年十月二十日刊行)の「幾何学」を文庫化したものである。

|  |  |  |
|---|---|---|
| ロラン・バルト モード論集 | ロラン・バルト／山田登世子編訳 | エスプリの弾けるエッセイから、初期の金字塔『モードの体系』に至る記号学的モード研究まで。バルトの才気が光るモード論考集。初期・新訳。 |
| 呪われた部分 | ジョルジュ・バタイユ／酒井健訳 | 「蕩尽」こそが人間の生の本来の目的である！ 思想界を震撼させ続けたバタイユの主著、45年ぶりの待望の新訳。沸騰する生と意識の覚醒へ！ |
| エロティシズム | ジョルジュ・バタイユ／酒井健訳 | 人間存在の根源的な謎を、鋭角で明晰な論理で解き明かすバタイユ思想の核心。禁忌とは、侵犯とは何か？ 待望久しかった新訳決定版。 |
| 宗教の理論 | ジョルジュ・バタイユ／湯浅博雄訳 | 聖なるものの誕生から衰滅までをつきつめ、宗教の根源的核心に迫る。文学、芸術、哲学、人間にとって宗教の《理論》とは何なのか。 |
| エロティシズムの歴史 | ジョルジュ・バタイユ／湯浅博雄／中地義和訳 | 著者の思想の核心をなす重要論考20篇を収録。文庫化にあたり「クレー」「ヘーゲル弁証法の基底への批判」「シャブサルによるインタビュー」を増補。 |
| エロスの涙 | ジョルジュ・バタイユ／森本和夫訳 | 三部作として構想された『呪われた部分』の第二部。荒々しい力（性）の禁忌に迫り、エロティシズムの本質を暴く。バタイユの真骨頂である。（吉本隆明） |
| 呪われた部分 有用性の限界 | ジョルジュ・バタイユ／中山元訳 | エロティシズムは禁忌と侵犯の中にこそあり、それは死と切り離すことができない。二百数十点の図版で構成されたバタイユの遺著。（林好雄） |
| ニーチェ覚書 | ジョルジュ・バタイユ編著／酒井健訳 | 『呪われた部分』草稿、アフォリズム、ノートなど15年にわたり書き残した断片。バタイユの思想体系の全体像と精髄を浮き彫りにする待望の新訳。 |
| | | バタイユが独自の視点で編んだニーチェ箴言集。ニーチェを深く読み直す営みから生まれた本書には二人の思想が相響きあっている。詳細な訳者解説付き。 |

| 書名 | 著者/訳者 | 内容 |
|---|---|---|
| 論理哲学入門 | E・トゥーゲントハット/鈴木崇夫/石川求訳 | 論理学とは何か。またそれは言語や現実世界とどんな関係にあるのか。哲学史への現代の確かな目配りと強制力をもって解説するドイツの定評ある入門書。 |
| ニーチェの手紙 | U・ヴォルフ茂木健一郎編・解説/塚越敏/眞田収一郎訳 | 哲学の全歴史を一新させた偉人が、思いを寄せる女性に綴った真情溢れる言葉から、手紙に綴られた名句までーー書簡から哲学者の真の人間像と思想に迫る。 |
| 存在と時間 上・下 | M・ハイデッガー細谷貞雄訳 | 「存在と時間」から、二〇年、沈黙を破った哲学者の後期の思想の精髄。『人間』ではなく「存在の真理」の思索を促す、書簡体による存在論入門。 |
| 「ヒューマニズム」について | M・ハイデッガー渡邊二郎/鈴木淳一訳 | 哲学の根本課題、存在の問題を、現存在としての人間の時間性の視界から解明した大著。刊行時すでに哲学の古典と称された20世紀の記念碑的著作。 |
| ドストエフスキーの詩学 | ミハイル・バフチン望月哲男/鈴木淳一訳 | ドストエフスキーの画期性とは何か？《ポリフォニー論》と《カーニバル論》という、魅力にみちた二視点を提起した先駆的名著。 |
| 表徴の帝国 | ロラン・バルト宗左近訳 | 「日本」の風物・慣習に感嘆しつつそれらを〈零度〉に解体し、詩的素材としてエクリチュールとシーニュについての思想を展開させたエッセイ集。 |
| エッフェル塔 | ロラン・バルト諸田和治訳伊藤俊治図版監修 | 塔によって触発される表徴を次々に展開させることで、バルト独自の構造主義的思考の原形。解説、貴重図版多数併載。 |
| エクリチュールの零度 | ロラン・バルト森本和夫/林好雄訳註 | 哲学・文学・言語学など、現代思想の幅広い分野に怖るべき影響を与え続けているバルトの理論的主著。詳註を付した新訳決定版。（林好雄） |
| 映像の修辞学 | ロラン・バルト蓮實重彥/杉本紀子訳 | イメージは意味の極限である。広告写真や報道写真、そして映画におけるメッセージの記号を読み解き、意味を探り、自在に語る魅惑の映像論集。 |

## 省察
ルネ・デカルト
山田弘明 訳

徹底した懐疑の積み重ねから、確実な知識を探り世界を証明づける、哲学入門者が最初に読むべき、近代哲学の源泉たる一冊。詳細な解説付新訳。

## 方法序説
ルネ・デカルト
山田弘明 訳

「私は考える、ゆえに私はある」。近代以降すべての哲学は、この言葉で始まった。世界中で最も読まれている哲学書の定評ある新訳。平明な徹底解説付。

## 社会分業論
エミール・デュルケーム
田原音和 訳

人類はなぜ社会を必要としたか。近代社会学の嚆矢をなすデュルケーム畢生の大著を定評ある名訳で送る。（菊谷和宏）

## 公衆とその諸問題
ジョン・デューイ
阿部齊 訳

中央集権の確立、パリ一極集中、そして平等を自由に優先させる精神構造――フランス革命の成果は、実は旧体制の時代にすでに用意されていた。

## 旧体制と大革命
A・ド・トクヴィル
小山勉 訳

大衆社会の到来とともに公共性の成立基盤は衰退した。民主主義は再建可能か？ プラグマティズムの代表的思想家がこの難問を考究する。（宇野重規）

## ニーチェ
ジル・ドゥルーズ
湯浅博雄 訳

〈力〉とは差異にこそその本質を有している――ニーチェのテキストを再解釈し、尖鋭なポスト構造主義的イメージを提出した、入門的小論考。

## カントの批判哲学
ジル・ドゥルーズ
國分功一郎 訳

近代哲学を再構築してきたドゥルーズが、三批判書を追いつつカントの読み直しを図る。ドゥルーズ哲学が形成される契機となった一冊。新訳。

## 基礎づけるとは何か
ジル・ドゥルーズ
國分功一郎/長門裕介
西川耕平 編訳

より幅広い問題に取り組んでいた、初期の未邦訳論考集。思想家ドゥルーズの「企画の種子」群を紹介し、彼の思想の全体像をいま一度描きなおす。

## スペクタクルの社会
ギー・ドゥボール
木下誠 訳

状況主義――「五月革命」の起爆剤のひとつとなった芸術=思想運動――の理論的支柱で、最も急進的かつトータルな現代消費社会批判の書。

## 自然権と歴史
レオ・シュトラウス
塚崎智／石崎嘉彦訳

自然権の否定こそが現代の深刻なニヒリズムをもたらした。古代ギリシアから近代に至る思想史を大胆に読み直し、自然権論の復権をはかる20世紀の名著。

## 生活世界の構造
アルフレッド・シュッツ／
トーマス・ルックマン
那須壽監訳

「事象そのものへ」という現象学の理念を社会学研究で実践し、日常を生きる「普通の人びと」の視点から日常生活世界の「自明性」を究明した名著。

## 哲学ファンタジー
レイモンド・スマリヤン
高橋昌一郎訳

論理学の鬼才が、軽妙な語り口ながら、切れ味抜群の思考法で哲学から倫理学まで広く論じられる対話篇。哲学することの魅力を堪能しつつ、思考を鍛える！

## ハーバート・スペンサー コレクション
ハーバート・スペンサー
森村進編訳

自由はどこまで守られるべきか。リバタリアニズムの源流となった思想家の理論の核が凝縮された論考を精選し、平明な訳で送る。文庫オリジナル編訳。

## ナショナリズムとは何か
アントニー・D・スミス
庄司信訳

ナショナリズムは創られたものか、それとも自然なものか。この矛盾に満ちた心性の正体を、世界的権威が徹底的に解説する。最良の入門書、本邦初訳。

## 日常的実践のポイエティーク
ミシェル・ド・セルトー
山田登世子訳

読書、歩行、声。それらは分類し解析する近代の知が見落とす、無名の者の戦術である。領域を横断し、秩序に抗う技芸を描く。（渡辺優）

## 反解釈
スーザン・ソンタグ
高橋康也他訳

《解釈》を偏重する在来の批評に対し、《形式》を感受する官能美学の必要性をとき、理性や合理主義に対する感性の復権を唱えたマニフェスト。

## 声と現象
ジャック・デリダ
林好雄訳

フッサール『論理学研究』の緻密な読解を通して、「脱構築」「痕跡」「差延」「代補」「エクリチュール」など、デリダ思想の中心が、いま、生まれ出る。

## 歓待について
ジャック・デリダ
アンヌ・デュフールマンテル編
廣瀬浩司訳

異邦人＝他者を迎え入れることはどこまで可能か？ ギリシャ悲劇、クロソウスキーなどを経由し、この喫緊の問いにひそむ歓待の〈不〉可能性に挑む。

## 政治思想論集
カール・シュミット
服部平治／宮本盛太郎訳

現代新たな角度で脚光をあびる政治哲学の巨人が、その思想の核を明かしたテクストを精選して収録。権力の源泉や限界といった基礎もわかる名論文集。

## 神秘学概論
ルドルフ・シュタイナー
高橋巖訳

宇宙論、人間論、進化の法則と意識の発達史を綴り、シュタイナー思想の根幹を精選した、渾身の訳し下し。シュタイナーの根本思想。四大主著の一冊。——（笠井叡）

## 神智学
ルドルフ・シュタイナー
高橋巖訳

神秘主義的思考を明晰な思考に立脚した精神科学へと再編し、知性と精神性の健全な融合をめざしたシュタイナー。四大主著の一冊。

## いかにして超感覚的世界の認識を獲得するか
ルドルフ・シュタイナー
高橋巖訳

すべての人間には、特定の修行を通して高次の認識を獲得できる能力が潜在している。その顕在化のための道すじを詳述する不朽の名著。

## 自由の哲学
ルドルフ・シュタイナー
高橋巖訳

社会の一員である個人の究極の自由はどこに見出されるのか。また人間に何をもたらすのか。シュタイナー全業績の礎をなしている認識論哲学。

## 治療教育講義
ルドルフ・シュタイナー
高橋巖訳

障害児が開示するのは、人間の異常性ではなく霊性である。人智学の理論と実践を集大成したシュタイナー晩年の最重要講義。改訂増補決定版。

## 人智学・心智学・霊智学
ルドルフ・シュタイナー
高橋巖訳

身体・魂・霊に対応する三つの学が、取っ手や橋・扉にまで哲学的思索を向けた「エッセーの思想家」創設へ向け最も注目された時期の成就への道を語りかける。人智学協会の創設へ向け最も注目された時期の率直な声。

## ジンメル・コレクション
ゲオルク・ジンメル
北川東子編
鈴木直訳

都会、女性、モード、貨幣をはじめ、取っ手や橋・扉にまで哲学的思索を向けた「エッセーの思想家」の姿を一望する新編・新訳のアンソロジー。

## 私たちはどう生きるべきか
ピーター・シンガー
山内友三郎監訳

社会の10％の人が倫理的に生きれば、社会変革よりもずっと大きな力となる——政府が行う社会保護の第一人者が、現代に生きる意味を鋭く問う。環境・動物

## 倫理問題101問
マーティン・コーエン 榑沼範久訳

何が正しいことなのか。医療・法律・環境問題等、私たちの周りに溢れる倫理的なジレンマから101の題材を取り上げて、ユーモアも交えて考える。

## 哲学101問
マーティン・コーエン 矢橋明郎訳

全てのカラスが黒いことを証明するには?  哲学者たちが頭を捻った101問を、譬話で考える楽しい哲学読み物。

## 解放されたゴーレム
ハリー・コリンズ／トレヴァー・ピンチ
村上陽一郎／平川秀幸訳

科学技術は強力だが不確実性に満ちた「ゴーレム」である。チェルノブイリ原発事故、エイズなど7つの事例をもとに、その本質を科学社会的に繙く。

## 存在と無（全3巻）
ジャン=ポール・サルトル 松浪信三郎訳

人間の意識の在り方〈実存〉をきわめて詳細に分析し、存在と無の弁証法を問い究め、実存主義を確立した不朽の名著。現代思想の原点。

## 存在と無 I
ジャン=ポール・サルトル 松浪信三郎訳

I巻は、「即自」と「対自」が峻別される緒論「存在の探求」から、「対自」としての意識の基本的な在り方が論じられる第二部「対自存在」まで収録。

## 存在と無 II
ジャン=ポール・サルトル 松浪信三郎訳

II巻は、第三部「対他存在」を収録。私と他者との相剋関係を論じた「まなざし」論をはじめ愛、憎悪、マゾヒズム、サディズムなど具体的な他者論を展開。

## 存在と無 III
ジャン=ポール・サルトル 松浪信三郎訳

III巻は、第四部「持つ」「為す」「ある」を収録。この三つの基本的カテゴリーとの関連で人間の行動を分析し、絶対的自由を提唱。（北村晋訳）

## 公共哲学
マイケル・サンデル 鬼澤忍訳

経済格差、安楽死の幇助、市場の役割など、私達が現代の問題を考えるのに必要な思想とは?  ハーバード大講義で話題のサンデル教授の主著・初邦訳。

## パルチザンの理論
カール・シュミット 新田邦夫訳

二〇世紀の戦争を特徴づける「絶対的な敵」殲滅の思想の端緒を、レーニン・毛沢東らの《パルチザン》戦争という形態のなかに見出した画期的論考。

## 大衆の反逆
オルテガ・イ・ガセット
神吉敬三訳

二〇世紀の初頭、《大衆》という現象の出現とその功罪を論じながら、自ら進んで困難に立ち向かう《真の貴族》という概念を対置した警世の書

## 近代世界の公共宗教
ホセ・カサノヴァ
津城寛文訳

一九八〇年代に顕著となった宗教の「脱私事化」。五つの事例をもとにした近代における宗教の役割と世俗化の意味を再考する、宗教社会学の一大成果

## 死にいたる病
S・キルケゴール
桝田啓三郎訳

死にいたる病とは絶望であり、絶望を深く自覚し神の前に自己をさらけ出してデンマーク語原著からの訳出し、詳細な注を付す

## ニーチェと悪循環
ピエール・クロソウスキー
兼子正勝訳

永劫回帰の啓示がニーチェに与えたものは、同一性の下に潜在する無数の強度の解放である。二十一世紀にあざやかに蘇る、逸脱のニーチェ論

## 新編 現代の君主
アントニオ・グラムシ
上村忠男編訳

世界は「ある」のではなく、「制作」されるのだ。芸術・科学・日常経験・知覚など、幅広い分野で徹底した思索を行ったアメリカ哲学の重要著作

## 孤島
ジャン・グルニエ
井上究一郎訳

労働運動を組織しイタリア共産党を指導したグラムシ。獄中で綴られたそのテキストから、いま読み直されるべき重要な29篇を選りすぐり注解する

## ハイデッガー『存在と時間』註解
マイケル・ゲルヴェン
長谷川西涯訳

「島」とは孤独な人間の謂。透徹した精神のもと、話者の綴る思念と経験が啓示を放つ。カミュが本書との出会いを回想した序文を付す

## 色彩論
ゲーテ
木村直司訳

難解をもって知られる『存在と時間』全八三節の思考を、初学者にも一歩一歩追体験させ、高度な内容を読者に確信させる納得させる唯一の註解書

数学的・機械論的近代自然科学と一線を画し、自然の中に「精神」を読みとろうとする特異で巨大な自然観を示した思想家・ゲーテの不朽の業績。

## メディアの文明史

ハロルド・アダムズ・イニス
久保秀幹 訳

粘土板から出版・ラジオまで。メディアの深奥部に潜むバイアス＝傾向性が、社会の特性を生み出す。大柄な文明史観を提示する必読古典。（水越伸）

## 重力と恩寵

シモーヌ・ヴェイユ
田辺保 訳

「重力」に似たものから、どのようにして免れればよいのか……。ただ「恩寵」によって。苛烈な自己無化への意志に貫かれた、独自の思索の断想集。ティボン編。

## 工場日記

シモーヌ・ヴェイユ
田辺保 訳

人間のありのままの姿を知り、愛し、そこで生きたい――女工となった哲学者が、極限の状況下で自己犠牲と献身について考え抜き、克明に綴った、魂の記録。

## 青色本

L・ウィトゲンシュタイン
大森荘蔵 訳

「語の意味とは何か」端的な問いかけで始まるこのコンパクトな書は、初めて読むウィトゲンシュタインとして最適な一冊。

## 法の概念 [第3版]

H・L・A・ハート
長谷部恭男 訳

法とは何か。ルールの秩序という観念でこの難問に立ち向かい、法哲学の新たな地平を拓いた名著。批判に応える「後記」を含め、平明な新訳でおくる。

## 生き方について哲学は何か言えるか

バーナド・ウィリアムズ
森際康友／下川潔 訳

倫理学の中心的な諸問題を深い学識と鋭い眼差しで再検討した現代における古典的名著。倫理学はいかに変貌すべきか、新たな方向づけを試みる。

## 思考の技法

グレアム・ウォーラス
松本剛史 訳

知的創造を四段階に分け、危機の時代を打破する真の思考のあり方を究明する。『アイデアのつくり方』の源となった先駆的名著。本邦初訳。（平石耕）

## ポパーとウィトゲンシュタインとのあいだで交わされた世上名高い10分間の大激論の謎

デヴィッド・エドモンズ／ジョン・エーディナウ
二木麻里 訳

このすれ違いは避けられない運命だった？ 二人の思想の歩みと大激論の真相に、ウィーン学団の人間模様やヨーロッパの歴史的背景から迫る。

## 言語・真理・論理

A・J・エイヤー
吉田夏彦 訳

無意味な形而上学を追放し、〈分析的命題〉か〈経験的仮説〉のみを哲学的に有意義な命題として扱おう。初期論理実証主義の代表作。（青山拓央）

## 責任と判断

ハンナ・アレント
ジェローム・コーン編
中山 元訳

思想家ハンナ・アレント後期の未刊行論文集。人間の責任の意味と判断の能力を考察し、考える能力の喪失により生まれる〈凡庸な悪〉を明らかにする。

## 政治の約束

ハンナ・アレント
ジェローム・コーン編
高橋勇夫訳

われわれにとって「自由」とは何であるのか──。政治思想の起源から到達点までを描き、政治的経験の意味に根底から迫った、アレント思想の精髄。

## プリズメン

Th・W・アドルノ
／三原弟平訳

「アウシュヴィッツ以後、詩を書くことは野蛮である」。果てしなく進行する大衆の従順化と、絶対的物象化の時代における文化批判のあり方を問う。

## スタンツェ

ジョルジョ・アガンベン
岡田温司訳

西洋文化の豊饒なイメージの宝庫を自在に横切り、愛・言葉そして喪失の想像力が表象に与えた役割をたどる。21世紀を牽引する哲学者者の博覧強記。

## 事物のしるし

ジョルジョ・アガンベン
岡田温司／岡本源太訳

パラダイム・しるし・哲学的考古学の鍵概念のもとと、「しるし」の起源や特権的領域を探すをる。私たちを西洋思想史の彼方に誘うユニークかつ重要な一冊。

## アタリ文明論講義

ジャック・アタリ
林 昌宏訳

歴史を動かすは先を読む力だ。混迷を深める現代文明の行く末を見通し対処するにはどうすればよいのか。「欧州の知性」が危難の時代を読み解く。

## 時間の歴史

ジャック・アタリ
蔵持不三也訳

日時計、ゼンマイ、クォーツ等。計時具から見えてくる人間社会の変遷とは？ J・アタリが「時間と暴力」「暦と権力」の共謀関係を大胆に描く大著。

## 風水

エルネスト・アイテル
中野美代子／中島健訳

中国の伝統的思惟では自然はどのように捉えられているのか。陰陽五行論・理気二元論から説き起こし、風水の世界を整理し体系づける。（三浦國雄）

## コンヴィヴィアリティのための道具

イヴァン・イリイチ
渡辺京二／渡辺梨佐訳

破滅に向かう現代文明の大転換はまだ可能だ！ 人間本来の自由と創造性が最大限活かされる社会をどう作るか。イリイチが遺した不朽のマニフェスト。

|  |  |  |
|---|---|---|
| フーコー文学講義 | ミシェル・フーコー　柵瀬宏平訳 | シェイクスピア、サド、アルトー、レリス……。フーコーが文学と取り結んでいた複雑で一戦略的な関係とは何か。未発表の記録、本邦初訳。 |
| ウンコな議論 | ハリー・G・フランクファート　山形浩生訳/解説 | ごまかし、でまかせ、いいのがれ。なぜ世の中、こんなものがみちるのか。道徳哲学の泰斗がその正体とカラクリを解く。爆笑必至の訳者解説を付す。 |
| 21世紀を生きるための社会学の教科書 | ケン・プラマー　赤川学監訳 | パンデミック、経済格差、気候変動など現代世界が直面する諸課題を視野に収めつつ社会学の新しい知見を解説。社会学の可能性を論じった最良の入門書。 |
| 世界リスク社会論 | ウルリッヒ・ベック　島村賢一訳 | 迫りくるリスクは我々から何を奪い、何をもたらすのか。『危険社会』の著者が、近代社会の根本原理をくつがえすリスクの本質と可能性に迫る。 |
| 民主主義の革命 | エルネスト・ラクラウ/シャンタル・ムフ　西永亮/千葉眞訳 | グラムシ、デリダらの思想を摂取し、根源的で複数的なデモクラシーへ向けて、新たなヘゲモニー概念を提示した、ポスト・マルクス主義の代表作。 |
| 鏡の背面 | コンラート・ローレンツ　谷口茂訳 | 人間の認識システムはどのように進化してきたのか、そしてその特徴とは。ノーベル賞受賞の動物行動学者が試みた抱括的知識による壮大な総合人間学。 |
| 人間の条件 | ハンナ・アレント　志水速雄訳 | 人間の活動的生活を《労働》《仕事》《活動》の三側面から考察し、《労働》優位の近代世界を思想史的に批判したアレントの主著。（阿部齊） |
| 革命について | ハンナ・アレント　志水速雄訳 | 《自由の創設》をキイ概念としてアメリカとヨーロッパの二つの革命を比較・考察し、その最良の精神を二〇世紀の惨状から救い出す。（川崎修） |
| 暗い時代の人々 | ハンナ・アレント　阿部齊訳 | 自由が著しく損なわれた時代を自らの意思に従い行動し、生きた人々。政治・芸術・哲学への鋭い示唆を含み描かれる普遍的人間論。（村井洋） |

## 戦争体験 　安田武

わかりやすい伝承は何を忘却するか。戦後における戦争体験の一般化を忌避し、矛盾に満ちた自らの体験の「語りがたさ」を直視する。（福間良明）

## 〈ひと〉の現象学 　鷲田清一

知覚、理性、道徳等。ひとをめぐる出来事は、哲学の主題と常に伴走している。ヘーゲル的綜合を目指すのでなく、問いに向きあいゆるやかにトレースする。

## モダニティと自己アイデンティティ 　アンソニー・ギデンズ　秋吉美都／安藤太郎／筒井淳也訳

常に新たな情報に開かれ、継続的変化が前提となる後期近代で、自己はどのような可能性と苦難を抱えるか。独自の理論的枠組を作り上げた近代の自己論。

## ありえないことが現実になるとき 　ジャン=ピエール・デュピュイ　桑田光平／本田貴久訳

なぜ最悪の事態を想定せず、大惨事が繰り返すのか。経済か予防かの不毛な対立はいかに退けられるか。認識の根源を問い、抜本的転換を迫る警世の書。

## 空間の詩学 　ガストン・バシュラール　岩村行雄訳

家、宇宙、貝殻など、さまざまな空間が喚起する詩的イメージ。新たなる想像力の現象学を提唱し、人間の夢想に迫るバシュラール詩学の頂点。

## 社会学の考え方［第2版］ 　ジグムント・バウマン　ティム・メイ　奥井智之訳

リキッド・モダニティを読みとく

社会学の泰斗がはや何一つない現代世界の具体相に迫る真摯で痛切な論考。文庫オリジナル。

## コミュニティ 　ジグムント・バウマン　奥井智之訳

日常世界はどのように構成されているのか。化する現代社会という読み解くべきか。コミュニティはいかなる様相を呈しているか。安全をとるか、自由をとるか。代表的社会学者が根源から問う。

## 近代とホロコースト［完全版］ 　ジグムント・バウマン　森田典正訳

近代文明はホロコーストの必要条件であった──。社会学の視点から、ホロコーストを現代社会の本質に深く根ざしたものとして捉えたバウマンの主著。

柄谷行人講演集成 1995-2015
# 思想的地震
柄谷行人

根底的破壊の後に立ち上がる強靱な言葉と思想——この20年間の代表的講演を著者自身が精選した待望の講演集。学芸文庫オリジナル。

増補
## 広告都市・東京
北田暁大

都市そのものを広告化してきた80年代消費社会。その戦略から、90年代のメディアの構造転換は現代を生きる我々に何をもたらしたか、鋭く切り込む。

## インテリジェンス
小谷賢

スパイの歴史、各国情報機関の組織や課題から、「情報」との付き合い方まで——豊富な事例がわかるインテリジェンスの教科書。

## 20世紀思想を読み解く
塚原史

「自由な個人」から「全体主義的な群衆」へ。人間という存在が劇的に変貌した世紀の思想を、無意味・未開・狂気等キーワードごとに解読する。

## 緑の資本論
中沢新一

『資本論』の核心である価値形態論を一神教的な道を構築することで、自壊する資本主義からの脱出の道を考察した、画期的論考。（矢田部和彦）

## 反＝日本語論
蓮實重彦

仏文学者の著者、フランス語を母国語とする夫人、日仏両語で育つ令息。三人が遭う言語的葛藤から見えてくるものとは？（シャンタル蓮實）

## 橋爪大三郎の政治・経済学講義
橋爪大三郎

政治は、経済は、どう動くのか。この時代を生きるために、日本と世界の現実を見定める目を養い、考える材料を蓄え、構想する力を培う基礎講座！（高橋睦郎）

## フラジャイル
松岡正剛

なぜ、弱さは強さよりも深いのか？ 薄弱・断片・あわい、「弱さ」・境界・異端……といった感覚に光をあてて、「弱さ」のもつ新しい意味を探る。（高橋睦郎）

## 言葉とは何か
丸山圭三郎

言語学・記号学についての優れた入門書。ソシュール研究の泰斗が、平易な語り口で言葉の謎に迫る。術語・人物解説、図書案内付き。（中尾浩）

# 幾何学

二〇一三年　十月　十　日　第一刷発行
二〇二三年　六月三十日　第二刷発行

著　者　ルネ・デカルト
訳　者　原　亨吉（はら・こうきち）
発行者　喜入冬子
発行所　株式会社　筑摩書房
　　　　東京都台東区蔵前二—五—三　〒一一一—八七五五
　　　　電話番号　〇三—五六八七—二六〇一（代表）
装幀者　安野光雅
印刷所　株式会社加藤文明社
製本所　株式会社積信堂

乱丁・落丁本の場合は、送料小社負担でお取り替えいたします。
本書をコピー、スキャニング等の方法により無許諾で複製することは、法令に規定された場合を除いて禁止されています。請負業者等の第三者によるデジタル化は一切認められていませんので、ご注意ください。

© KAZUKO HARA 2013 Printed in Japan
ISBN978-4-480-09565-7　C0141